图字: 09-2018-726 号

This translation published by arrangement with Crown Archetype, an imprint of the Crown Publishing Group, a division of Penguin Random House LLC.

[美] 吉姆·加菲根　著

邵宛澍　译

Jim Gaffigan

FOOD

A Love Story

食物
有爱的故事

上海文化出版社

图书在版编目（CIP）数据

食物：有爱的故事/（美）吉姆·加菲根著；邵宛澍译. —
上海：上海文化出版社，2020.7
ISBN 978 - 7 - 5535 - 1995 - 1

Ⅰ. ①食…　Ⅱ. ①吉…　②邵…　Ⅲ. ①饮食-文化-美国
Ⅳ. ①TS971. 271. 2

中国版本图书馆 CIP 数据核字（2020）第 086458 号

出 版 人　姜逸青
策划编辑　黄慧鸣
责任编辑　张　彦　张悦阳
封面设计　王　伟
版式设计　华　婵
插　　图　冯菁甜

书　　名　食物，有爱的故事
作　　者　吉姆·加菲根（Jim Gaffigan）
译　　者　邵宛澍
译文校订　张悦阳
出　　版　上海世纪出版集团　上海文化出版社
地　　址　上海市绍兴路 7 号　200020
发　　行　上海文艺出版社发行中心
　　　　　上海市绍兴路 50 号　200020　www. ewen. co
印　　刷　苏州市越洋印刷有限公司
开　　本　890×1240　1/32
印　　张　7. 875
字　　数　120 千
印　　次　2020 年 10 月第一版　2020 年 10 月第一次印刷
书　　号　ISBN 978 - 7 - 5535 - 1995 - 1/TS. 071
定　　价　42. 00 元
告读者　如发现本书有质量问题请与印刷厂质量科联系　T：0512 - 68180628

关于本书

　　《食物，有爱的故事》（Food, A Love Story）的作者吉姆·加菲根（Jim Gaffigan） 1966 年生于美国印第安纳州，以食物笑话打天下，堪称最会写书的喜剧演员，最会抖包袱的作家。他是《纽约时报》力荐的畅销书作家，其作品曾创下白金销量；曾 2 次获格莱美奖提名，是美国最富有的喜剧演员之一。吉姆曾于 2019 年来中国巡演，到访北京、上海等城市，场场爆满。

　　吉姆的第一部著作《爸爸好胖》（Dad Is Fat）曾位列《纽约时报》畅销书榜单前列达 17 周，被评选为"2010 年代影响最大的十本育儿图书"之一，及哈德逊书店年度最佳图书。书中满是他抚养 5 个孩子的有趣而令人尴尬的轶事，稳固了他在广大父亲心中的位置。本书是继《爸爸好胖》之后的第二本书，笑料"食"足，是一本轻松幽默又不乏温馨的食物故事"汇"，同样曾位列《纽约时报》畅销书榜单，热门杂志《吃喝》（Eatdrink）更将它评为"十年十书"之一。书中以吉姆·加菲根到美国各地乃至世界各地的巡演经历为线索，以"食物"为话题关键词，以父母和 5 个孩子的趣事、糗事为故事片段，细数作者对美国不同食物的"爱"和"恨"，尤其对垃圾食品的"宠爱"，其实表现的是作者爱生活、真性情的一面。文字处处抖机灵，包袱不断，让人捧腹大笑。他很擅长用诙谐幽默的段子把生活中的小细节讲出大道理。

有幸得到译者邵宛澍先生的引荐，我们才有机会拿到本书的版权，让这本畅销书跟中国广大读者朋友见面，为读者朋友们紧张忙碌的生活添一把笑料，带来一份轻松。邵宛澍先生是美食家与吴方言研究者，著有《下厨记》（1—7）、《上海闲话》等，对美国的生活方式和风俗习惯也有切身体验，观察细致，因此得以把原文的"梗"一一点出，准确传达，并针对中国读者不熟悉的文化差异元素加以注释，提升可读性和笑点。

带着这本极具娱乐性、极有个人特色的食物碎碎念，跟吉姆一起巡游找吃食，你一定不会失望！

目录

为什么聊吃的？

众所周知，我是个单口喜剧演员。在妻子吉妮的大力支持下，我出版了《爸爸好胖》（Dad is Fat）一书，它记录了我作为一位父亲，在纽约的两室公寓里养育五个孩子的经历。《爸爸好胖》一炮打响，并改变了人们的育儿方式……好吧，或许没有，但至少它还算挺成功的。

从那以后，我一直在琢磨再写一本书的事。我——自认颜值还不错——不想让人觉得我就是昙花一现，要是真有第二本，我希望它能跟《爸爸好胖》媲美，甚至比它更成功。一如其他优秀作家，我在网飞（Netflix）上看了整六季的《迷失》（Lost）寻找灵感，然后陷入了对自我的沉思。我究竟是谁？我都知道些什么？我的喜剧的主题都有哪些？没错，外貌出众显然是我成名的一个原因，但我的单口表演主旨何在？噢，我是个热衷美食的英俊喜剧人，出于这个自我定位，我突发奇想：不如写本"能吃"的书吧？我把这个主意告诉了出版社，他们却故步自封，深陷于传统出版业的限制，只考虑"书店里有没有冰箱""电子书怎么销售"这类书呆子才关心的问题。不过，谁在乎呢？一个火腿三明治下肚，前途豁然开朗——我要写一本关于食物的书。

为什么我可以聊吃的?

　　在开始之前,我或许应该自问:我有资格写这本书吗?仔细想想,好像也没有。那你为什么选择翻开它呢?也许是因为……嗯,我有点发福。相比某些人而言,我或许还不够胖,但关键点在于,我不是个瘦子。一本瘦子写的美食书可不值得一读,这里的"瘦"不是指身材好,而是"瘦骨嶙峋"。我对"排骨精"给出的美食建议敬谢不敏。瘦子们真的热爱食物吗?那些人从来不会吃到扶墙而出,我十分怀疑他们对食物的热情。再看看我,至少我体重超标啊!

　　偏见总是先入为主,我承认自己不信任瘦子们的美食指南。我们都相信马里奥·巴塔利[1]对食物了如指掌,因为他的确是个饕餮之徒;比赛的紧要关头,体育评论员很想了解队员的心态,而那些退役运动员的解说却已经让人洞察一切。在美食评论的赛场上,我就是退役的运动员:我就像解说排球的郎平和解说篮球的姚明,我就是围棋界的聂卫平——到

1　马里奥·巴塔利(Mario Batali),美国著名厨师、作家、餐饮业者以及媒体公众人物,很胖。

此为止。[1]

当一个瘦子表达对谁家塔可的称赞时，我会沉默不语。他是怎么知道的，难道靠鼻子闻吗？无法怂恿食客吞下第二个的塔可远算不上什么美味，也许它质量不错，但征服不了瘦子心的卡路里无法引人破戒，"我在减肥，吃一个就行"。胖子们其实也知道暴食的后果，但在真正的美食面前，肥胖根本不值一提。对体重超标者而言，食物比外貌重要多了。要是哪家汉堡店获得了胖子们的称赞，我肯定会去尝尝，他们才是真正的内行。

不止是瘦子，服务生的美食建议也毫无参考价值。高级饭店的服务人员永远瘦削英俊，但汉堡店总得配个 XXL 号的服务生吧？最好把证件照列成一排，谁最胖选谁。服务员的颜值与我何干？再退一步，他们的建议依据何在？服务生只是陌生人，他的工作牌不等于介绍信，也猜不出你喜欢的口味。不是我多疑，某些服务人员总想借机敲上一笔："我强烈推荐 16 盎司的神户雪花牛肉佐龙虾，配 1996 年的唐培里侬香槟王[2]。"

胖子才是合格的食物专家。许多高档餐厅都配有推荐餐酒的荐酒师，而从食物的品质角度考量，或许我们还需要一位"荐脂师"。

> **荐脂师**："我推荐奶酪肉酱炸薯条，分开放，这样奶酪的分量会更多些。"
>
> **我**："谢谢你，荐脂师。"

虽然瘦子的美食建议价值存疑，但荐脂师也不能太胖。要是荐脂师

---

1 原文列举了 Tony Siragusa、 Ray Lewis 与 Terry Bradshaw，三人都是美国著名的橄榄球分析师，前职业球员。

2 1996 年的唐培里侬香槟王（Dom Perignon），酒商零售价在 250 美元以上。

有肥胖症，那他们多半对食物来者不拒，更谈不上在乎细腻的口感。肥胖者也许品味不够高，但相对于瘦子，我宁愿信任胖过头的家伙们。我理想中的荐脂师应该这般模样：矮胖，微微超重，饮食不那么健康，顿顿吃撑，但还不至于成为临床问题。没错，我描述的就是我自己，这就是我创作本书的资质证明。你还需要其他证明吗？别高高在上了，你都读了好几页了。

为什么我只是个吃货？

在我的说服之下，你已经翻开了这本书；但在推进之前，我仍然需要澄清几件事。说起食物，我总能滔滔不绝，但我并不是"食物专家"或"美食家"，我都说不出三个明星厨师的名字，也从未在 Yelp! [1] 上发过贴。我有五个孩子，我是个单口喜剧演员，因为常在晚上工作，鲜有机会去饭店吃一顿正餐。我只具备最基础的食物知识，但我有鲜明的个人观点与偏好，经历过食物带来的喜怒哀乐。写一本美食书会让人误以为我是个美食家，但我只是痴迷于食物，仅此而已。我是个吃货，好吧，叫我饭桶也行。我对美食家没有成见，我感激他们对食物的热爱、羡慕他们的知识、好奇他们的奇思妙想；他们不停搜寻新馆子、研究创意菜，我却可以在一家喜欢的馆子吃到老，丝毫没有钻研配方的欲望，也不接受异域的融合口味。我没有美食家那么"无聊"，热衷于拓展料理界限的厨师确实值得尊敬，只是我不能接受日式塔可以及蔓越莓汁牛排之类的罢了。我还没有吃够海量的"常规"食物，我也想过追求复杂

---

1 Yelp!，美国最大的食评网站。

性，然而事与愿违。

懒惰让我与美食家无缘。为寻找完美的汉堡，美食家不惜长途跋涉，"绿点区（Greenpoint）有家城里最好的店，只要乘一小时火车，再走四十分钟"。我却宁可相信马路对面的汉堡更美味，其实很多时候最近的才是最好的，身边也有风景和美味。

我吃过全国上下很多好馆子，但并不是专程去寻访的。我在这些城市演出，只要在推特上问一声，吃货们就会告诉我当地的特色餐饮，把它们送进我的大嘴。是不是很简单？没错，我的确很懒，但挡不住咱遍地都有眼线。除了在推特上询问粉丝，我也会参考当地人的意见。我从不特意做功课，大多数城市中总有一家当地人引以为傲、"你一定要去打卡"的餐厅。不幸的是，这法子不是万能的。有一次在南达科他州的拉皮德城（Rapid City），我想问一位出租车司机当地哪儿有什么好吃的，他用一种无所谓的口气打发我："这儿什么都没有，你可以去澳拜客（Outback）牛排屋。"我不死心，于是进一步追问：

"那在澳拜客之类的连锁店开门前，你们都去哪里吃饭呢？"

"我们就待在家里！"

难道在连锁餐饮诞生前，拉皮德城的人都不出门下馆子吗？也许他们真的哪儿都不去，说实话，我也没底，因为我没做功课。询问另外两位当地人后，我依然一无所获。因此，这本书中没有任何有关拉皮德城的美食介绍，这并不是区别对待，只是我随性的美食调研法效力有限。如果你最爱的本地美食没有在本书中出现，那是因为我未曾途经你的家乡，或受访的当地人有所保留，也有可能是推特上无人回复，或者是我实在太笨太懒，把它们全都抛之脑后了……

归根结底，我不是美食家，我只是个吃货而已。

为什么我这么胖？

　　我无法控制自己胡吃海喝的习惯，我已经将近十二年没有饿过了。有一次，《娱乐周刊》（Entertainment Weekly）把我描述成一个人形垃圾桶，我甚至觉得这是种恭维。昨天晚上我本来吃饱了，但还想再来点奶酪，奶酪味道平平，但我还是决定消灭它。"你会越吃越饿"，我常在进食时警告自己，这种行为当然不健康，食物有时只是在填补我的欲望。吉妮总说"你太随心所欲了"，而我认为放纵无罪，尤其是在晚上，可以"让欲望来得更猛烈些"。你有吃到吐的经历吗？我就喜欢那种感觉。

　　我把自己的身体想象成一座圣殿，它已经快被我毁灭了。吃着这顿我就想起下一顿，我经常大吃大喝，像在度假似的，有时撑得就像第二天要斋戒。在餐盘空空之前，我不会觉察眼前的食物有多难吃，要是它确实难以下咽，我只会再吞点别的来清洁味觉。我是个单口喜剧演员，经常在表演中引入食物元素：如果别的演员可以在台上喝啤酒，那我为什么不能带个奶酪汉堡呢？酒鬼们常在鼓掌的间隙小咪一口，我也可以如此效法——"我们的军队太伟大了！"——掌声响起，吃口培根终结者[1]吧。

我只有在病入膏肓时才会失去食欲。我坚持一日三餐，噢不，是白天吃三顿，晚上再加三顿。只有在梦中，我的嘴才会消停，看电视时若没有零食陪伴，我会浑身不自在，手都不知道该往哪放。我永远都是一副饱饱的状态，医生总不忘提醒服药时需要避免空腹，而我的胃里没有一个角落是空的。饭后一小时内不要游泳，你的母亲一定这样叮嘱过你，但我根本做不到一小时不吃东西，所以严格来说，我永远不该去游泳。幸好这"一小时规则"没有法律依据，否则当你在泳池看到我时，我就该被剥下泳裤、依法逮捕了。要是这事真的发生，我会严重抗议对"饱腹游泳犯法"的不公指控，不过绝食抗议是绝对不可能的，绝食十五分钟我就投降了。停止进食有违我的原则，停一会儿都不行。如果我去向一位巫师求救，他最好永远都不要将灵魂动物告诉我，以免我哪天把它给吃了。吉妮认为我会暴食而死，她确实言之有理，所以我现在还活着就是个奇迹。

1　培根终结者（Baconator），温娣（Wendy's）汉堡连锁的一种汉堡。

为什么我不想减肥?

　　因为总是在不停地吃，所以我一点也不瘦，络腮胡都掩饰不了我的体型，但我至少知道自己肥胖的原因。大多数人在体重增加时，很少承认管不住嘴才是罪魁祸首，而是怪罪这样那样的外在因素，什么"工作压力太大了"，"今年冬天超冷"，什么"母乳喂养让人容易饿"……我的确可以减几斤肥，但我宁愿为现状承担责任。虽然我再也减不掉啤酒肚了，那是当爸爸的代价。我可不是在为自己开脱。

　　我的肥胖纯粹是咎由自取，不过幸运的是，我是故意为之。我正在为出演一个胖子做准备，那个角色很肥，我想证明自己有能力胜任这个角色。有些人隐瞒年龄，而我隐瞒体重。有时我会告诉别人我的肚子是假的，我是为了赶走那些女性追求者，给那儿植入了硅胶。然而此地无银三百两，这只会让她们紧盯着我的大肚腩看。每当这时，我就狠狠指着自己的眼睛，试图转移她们的视线，"你好，我在这里"，我可不是没人青睐的死肉。

　　某次演出结束后，有位女士恭维我"你也没那么胖"，"你也没那么礼貌"，我如此回击。我不知道自己到底超重了多少，这要计算 BMI 体质指数，当我发现它不含"巨无霸指数"（Big Mac Included）后，我就不再纠结这个问题了。

曾经我也瘦过，比如六岁的时候，我颇有再次穿上儿时服装的自信。事实上，七岁时我的体型已经需要每天锻炼两回才能保持了。二三十岁时我也曾挣扎过，直到我看见镜子里的啤酒肚，"我放弃了，斗不过就接受吧"。我有个辣妹老婆，如果她因为肥胖离我而去，那只能说明她内涵浅薄。"亲爱的，你认为体型重要吗？不重要？那就把肉汁递给我。"

当我成功地诱骗吉妮嫁给我之后，我便失去了保持身材的主要动力。作为一个单口喜剧演员，我看不出腰围对事业有什么影响。有时我需要客串一些"实力配角"，在娱乐圈的行话中，配角实则意味着"没吸引力"。事实确实如此，就算我减肥成功，也不会有人拿我和布拉德·皮特比拼颜值。三十多岁的时候，我曾参加过三部马修·麦康纳主演的电影试镜，饰演他泯然众人的朋友。但我并没有入选，可能是因为我还不够"没吸引力"吧。

人们减肥的原因真是神秘，"你会感觉更好，充满活力"，"你的寿命会更长"。再然后就变得不可理喻了。有位资深体重观察者[1]宣称，任何食物的美味都比不过瘦下来的快感，但我却能想出一千种比瘦更好的东西：切达、蓝纹、烧烤奶酪……大多与奶酪有关。哪怕无盐薯条也比瘦好一点。你吃过没有盐的薯条吗？盐确实不能少，但调料瓶总在别处，为了少走两步，我就画饼充饥。吃无盐薯条在味道上是一种牺牲，每次不得不出此下策时，我都觉得自己就是《我要活下去》（Survivor）的参赛者。我打算告诉制片人马克·伯内特[2]："我连没有盐的薯条都吃

1　资深体重观察者（Weight Watchers），健身品牌。
2　马克·伯内特（Mark Burnett），《我要活下去》的制片人。

过，我在哪儿都能活下去。"

体重在美国是个很严肃的话题，然而胖子依然存在。我们身边都有那么几个拼命减肥的朋友，一看到他们我便会偷偷地想，"你还是胖点顺眼。现在你像是被榨干了，看着你我都双腿无力。"众所周知，在这个被肥胖裹挟的社会中，无论减去多少分量都是一种成就。另外还有个尽人皆知的事实，那就是胖人早就对此麻木了。每周，新闻里似乎总有一条关于肥胖的消息，画面永远是一个大块头的背影，虽然主人公没有露出正脸，但他们总能认出自己。胖子们在家也会看电视，"屏幕里那件衬衫挺眼熟的——妈的！我再也不能穿它出门了。"去上班时，这个倒霉的家伙多半会被工友问候："弗雷德，你的大屁股在六点档新闻里出现了！"

如今，肥胖症已经催生了一条产业链，而数不胜数的纪录片只会让我更加饥饿，这种麻木在《超级减肥王》[1]播出后达到了顶峰。这个真人秀就是戴着励志故事面具精心策划的侮辱，它的策划会议可能是这样的：

> 制片人："我有个绝佳创意，让一些很胖的人来减肥，然后请大家欣赏他们的挣扎与失败。"
>
> 电视台领导："真赞！我已经开始笑了。"
>
> 制片人："那我们就让这些大胖子跑来跑去、跳上跳下，好好折磨他们一番。"
>
> 电视台领导："有趣，虐待他们，我喜欢这个创意。"
>
> 制片人："然后让瘦子对着胖子吼叫。"

1　《超级减肥王》（Biggest Loser），美国电视真人秀，NBC 出品，同时也可以译为"最大输家"，是双关语。

电视台领导："那当然。"

制片人："这个节目要有瘦削迷人的评委，我们还要让胖子在全国观众面前称重。"

电视台领导："要不让他们脱了衬衫？这就更丢脸了。"

制片人："好，不穿衬衫。高潮来了，减肥最多的胖子可以赢得一个称号。'超级减肥王'怎么样？"

电视台领导："他们既是人生输家也是胖子，对不对？"

制片人："当然，胜者就是最大的输家，因为他在电视上受到了最多的羞辱，不过他也减了点肥是吧？"

电视台领导："我们还可以用小蛋糕与巧克力奶油卷来做奖品？"

制片人："用食物激励，当然可以。我们百般折磨他们的时候，还得让他们穿上写有羞辱性文字的衣服，上面可以写……"

电视台领导："超级大输家！"

制片人："他们肥胖的身躯将成为真人秀的移动广告牌。"

电视台领导："太棒了！就这么说定了，我还要去参加普拉提课呢。"

为什么美国人偏胖?

如果肥胖是美国的流行病,那么它的病因是什么呢?我只有自己的经历可供参考,但推而广之,我相信罪魁祸首是美国式的饮食。我是典型的美国人,这并非自我标榜,我的进食习惯与对食物的热情的确非常"美国"。也许是因为无处不在的麦当劳广告,也许是因为二战后没有妥善处理经济的快速增长,也许是因为我们比其他国家更能吃……我不想一棍子打死,但大多数美国人的饮食确实不健康。在很多情况下,消耗食品是美国人的一桩大事。我们总是在吃,似乎没有停下来的时候,如果外星人要研究地球,他们大抵会得出这样的结论:美国在代表其他国家进食。美国人吃进去的食物已经远超营养需要了,吃饭简直成了一种活动,"我先去吃午饭,再带点比萨回来"。大多数美国人都在不停地吃吃吃,口中空空时就嚼口香糖,就像是进食活动的预习。我们嚼口香糖嚼出了范儿:"我很快要吃一顿大餐,感恩节要来了。"

很多因素影响了美国人对待食物的态度,但有些因素其实说的是一回事。总有人对食物有这样那样的不满,然后想着法儿地改进。美国人永远不满足于单一的食物,汉堡不能只是汉堡,"你知道怎样才能做出点新花样吗？做成汉堡三明治。我们可以用两个甜甜圈来代替面包。麦当劳松饼早餐堡，你有早餐伙伴了——甜甜圈火腿堡"。 2006 年，我在单口喜剧《百无禁忌》（Beyond the Pale）中想出了这个傻主意，然而 2012年，唐恩都乐让我成了预言者，它们推出了这款我空想的产品，真是昭昭天命[1]。出于某些原因，我们想让油炸土豆片尝起来像牛排、占边威士忌（Jim Bean）和青椒味香瓜子，口味推陈出新的速度永远赶不上我们旺盛的食欲。

美国食文化中的"快"是"节制饮食"的反义词。当世界上其他地区的人们听到"food fast"（斋戒）时，他们会联想到身心的洗礼，而"food fast"（快餐）只能让我想起汽车餐厅。我喜欢速战速决，不排队最好，每次我在提款机边看到两个以上的人排在我前面时，我总会怀疑文明的发展进程。

美国人希望快点填饱肚子，这就是快餐套餐大获成功的原因。速度比质量重要多了，你只需要报出套餐编号（比如说"2"），食物很快就会端到你面前。我相信不久后，你连数字都不需要讲，只要"嗯哼"一声就大功告成了。又快又简单是美国的特色，孩子在很小的时候就被灌输了这种思维模式。我的孩子们经常吃太空食物似的酸奶，他们只要挤压管子，酸奶就会跑进嘴里，无须在学用勺子上浪费时间。甚至婴儿食物都被做成了挤压袋，听说不久后，他们还要推出一种挂脖的儿童挤压食品，可以挂着它到处跑，挤一下就能吃到嘴里。为什么要把手举到嘴边？这完全是浪费精力，还是"又快又简单"吧。

我吃东西很快，在餐厅中是我通常都是第一个光盘的。三下五除二吃饱之后，我不得不坐在那儿看别人慢慢打开餐巾，每到这时我都十分

---

1 昭昭天命，原文为 Manifest Destiny，美国历史专有名词，指命定论。

尴尬，难道要说"服务员，再给我拿来一篮面包"吗？吉妮喜欢在吃饭前带孩子们一起祷告，这是让孩子们学会感恩上帝的好方式。但在我眼中，祷告就像是"预备"，而最后的"阿门"就是"跑！"，伟大的上帝应该也是这样设计的。

吃得越快，我们就越胖。统计数据显示，美国花在减肥项目上的钱比全世界花在反饥饿项目上的投资还多，解决这个窘境的方式似乎也很简单：美国人只要去吃那些饥饿国家的人就可以了。

每次看深夜节目，你会发现纠结体重已经成为一种文化，但大家却都没有改变现状的行动热情。很多运动器材与减重技术都在午夜售卖，它们似乎在宣称，比起少吃点，采取这些减肥方式会不那么痛苦。事实上，机器与程序只会让我们忙碌的吃饭时间更加忙碌。我曾在午夜广告中看到过某种看电视时可以绑在肚子上的震动带，所有这些技术都反证了我们无法停止进食。有些减肥项目是安排快递每天为你寄送需要摄入的食物，这也太荒唐了，我们都没有购买心爱食物的自由了？"你会越弄越糟的，让我来！"我们其实无能为力。美国是个爱吃如命的国家，与其少吃点或老老实实地锻炼，他们索性抄起了缝住嘴巴或缩小胃袋的近路，"我才不要像野蛮人那样运动呢，只要抽个脂就可以了"。

与其少吃或花钱减肥，我还不如直接接受肥胖的事实。大多数饮食习惯不健康的美国人都超重了，我也一样，但我不吃到吐不会满足。食物真的给我能量了吗？我经常越吃越累，这可能是我感到疲乏的一大原因。我去健身房只是为了能保持一小时不吃东西，我相信这就是美国式的"斋戒"。

进攻自助餐：能吃多少吃多少

　　如果非要说出一个美国饮食的特点，那就是"大食量"。"能吃多少吃多少"的自助餐因此成为一大美国现象，它发源于赌城也不足为奇。拉斯维加斯有全世界最迷人的餐厅，但真正接地气的还是自助餐。赌城的自助餐十分吸引人但却常常惹人反悔，它种类丰富到有几分荒唐，它是"美国"的代名词——你一顿饭中既能吃到寿司，也能吃到芝士意面，还能吃到甜甜圈——上帝保佑美国。"能吃多少吃多少"的自助餐规则与赌场规则相映成趣，如出一辙——却都能让人血本无归。

　　"能吃多少吃多少"的自助餐像是个挑战赛，它的潜规则是吃回本的才算赢家。我老婆吉妮认为这种想法十分可笑，不过后来她还是嫁给了我，所以这种判断并不作数。如果自助餐价值二十美元，你至少得吃下抵二十一美元的食物。吃回本钱是众所周知的"潜规则"，不过这个术语已经在 2011 年被税收理论[1]抢注了，尽管那个词与自助餐毫无关系。政府，你是怎么想的啊？我并不认为自己对自助餐的解读无可指摘，美

1　指的是奥巴马的 Buffett Rule，比自助餐 Buffet 多一个"t"。

食面前我屡教不改，"能吃多少吃多少，看我吃穷你"！这一点我永远信心满满，然后高开低走，半小时后就投降了，"我们离开这里吧，这地方太危险了，我为什么要这样对待自己？"吃到撑和赌到一丝不挂同样危险。

"能吃多少吃多少"对我这种循规蹈矩的人而言尤其危险。每次我去吃自助餐，除了迎接挑战，还有一丝服从的心理。我仿佛听到自助餐对我说"能吃多少就吃多少"，而我的回答是"我不会让你失望的"。假如我能控制自己，克制欲望理性进食，那我就是个营养学家或"成年人"了。每个美国人都知道"能吃多少吃多少"的含义，"你爱不爱你的国家？那就证明一下，让我看看你能吃多少吧"。我也听到过这句话的其他版本，比如把"能"换成"想"，这让我如释重负。每次我打算离开自助餐厅时，总会遇到极大的阻力，像是有什么在阻碍我的脚步。

"你打算干什么？快回来！"

"但我不想再吃了。"

"看清楚，小滑头，这可不是'想吃多少'的自助餐，而是考验'能吃多少'的地方。我看到你站起身来了，你这不是还有力气吃吗？"

其实我们真正需要的是"该吃多少吃多少"的自助餐，"等等，这是你的早午饭，一个苹果，外加五十个仰卧起坐"。

喝碗肉汁：这饮料不错？

我对美国人的不健康饮食越来越麻木了。八十盎司装的苏打水、"能吃多少吃多少"的自助餐、温娣的三层肉饼汉堡似乎都成了合理的选择。然而，我依旧享受那种被美式饮食的不健康震撼的时刻。

有一次我回到我的家乡路易斯安纳州，路过一家凯马特（Kmart）大卖场。在沃尔玛或凯马特这种百宝箱似的店里，你基本能找到任何想要的东西。我特别钟爱凯马特，尤其是它的氛围，总是像刚被洗劫过一样，东西摆得有些乱，偶会还会有空着的货架。凯马特总有个用促销品堆起的塔，仿佛吹口气它就会坍塌。也许这排货架上有个破罐子，另一排上又有只破袜子，它的分区布局告诉你，这里真不是买西装或使用公共厕所的好地方。总之在那天，我在买尿片时看见一个七十多岁的老头，他一边走一边喝着点什么，后来我惊讶地发现，他手里拿的是一碗肯德基的肉汁。

坦白说，我也喜欢肉汁。有谁真的不喜欢它？那可是肉汁啊！但在这之前我从来不认为它是种饮料，即使在我与肉汁独处的私密时刻，我也从没有想过要狂饮肉汁。青少年时代，我可是超级喜欢 Yoo-hoo 巧克力饮料的，但那个老头居然在堂而皇之地喝肉汁，连我都觉得难以接受。第一眼看到他时，我先是注意到他手里的肯德基的泡沫小碗，他喝了一口，我觉得应该不是肉汁。后来在收银台，我排在他后面，我看到了碗中那褐色的稠厚液体，才确定那真是肉汁——肯德基的肉汁。我们四目相对，他以中西部特有的温暖微笑向我问好，"最近怎么样？"我点头示意，当时我真想问他一句："你知道自己在喝肉汁吗？"

我不知道是什么让这个陌生人在凯马特喝肉汁，也许他就是为了肉汁才走进肯德基的，或许他是想这样点单的："我要大份土豆泥，加肉汁不要泥。"但为了避免被旁人指点嘲笑，他点了一份土豆泥，并要求肉汁单放，然后他把土豆泥扔了。也许他才不管别人的想法，当收银员扫描他的心脏病药条形码时，他还以喝肉汁为傲呢！

我不是养生达人，但我依然能想象这家伙下回体检的惨状。一个穿白大褂的医生手持化验单低头走进检查室，这位喝肉汁的老头坐在床上，医生斜着脑袋，迷惑地看着化验单：

医生："琼斯先生，这是你的胆固醇指标，你有注意到你的血液没有在流动吗？"

喝肉汁的：（点头。）

医生："这就奇怪了，你没有在喝肉汁吧？但是这个化验结果显示，你身体里有百分之九十是肉类副产品。"

喝肉汁的：（点头。）

医生："……我们必须要向政府备案你的情况了。"

我猜这个喝肉汁的家伙大概七十岁左右，我不知道他到底有多大，到底喝了多久肉汁。也许他要年轻些，喝肉汁会加速衰老，就像抽烟一样。也许他其实更老，肉汁抹平了他的皱纹，使他看起来更加年轻。我猜他喝肉汁的稀奇行为是自愿的，谁知道呢，或许他老婆正打算谋杀他呢。

喝肉汁的："亲爱的，我打算去凯马特。"

老婆："好的，你为什么不喝碗肉汁呢？"

喝肉汁的："我觉得可以……"

老婆："先签了这张人寿保险吧？"

喝肉汁的："你真是喜欢买人寿险啊！"

美式食物地图：五大食物区

不同的人会在美利坚合众国的地图上看到不同的东西。有人看到红州蓝州，有人看到南方北方，有人看到东部西部，我则看到食物。我曾见过某块形状酷似阿拉斯加的薯片，遗憾的是在拍照留念前，我就把它给吃了。不过美国的地理区块毕竟不是食物，至少现在，我还没有对它们产生食欲。我到过全美五十个州巡回演出，我也几乎在每个城市都尝过美食。我在美丽且美味的祖国进行第四还是第五轮边走边吃的巡演时，开始思考起地理与食物的关系。

我并没有专业的食物地理学知识，那些都是我非常个人的想法而已，不过我自认为那些想法还不错。我希望将来某一天，各个学校、商务楼、监狱的图书馆和厕所里都能挂上吉姆·加菲根的美国食物地图。

我觉得美国是由五大食物区组成的：

- 海虫乐园（东北沿岸）
- 烧烤乐园（东南与部分中西部）
- 超级碗食物乐园（中西部与部分东部）
- 牛排乐园（得州到上西部）

- 墨餐之地（西南部到得州）

以及特色小区域：

- 红酒乐园（北加州）
- 咖啡乐园（太平洋西北沿岸）

有些食物区在这种划分模式下存在着交叉，最典型的就是得州，它是墨西哥食物、烧烤和牛排的汇聚地，把得州放进三者中的任何一个都是不公平的。路易斯安纳和新奥尔良的地位非常独特，密西西比河流域物产丰富，而精华荟萃于新奥尔良。除此之外当然还有其他特例，但现在，还是先让我们分区域来探索一下吉姆·加菲根的美国食物地图吧。

海虫乐园

从美国东北沿海到南边的马里兰州，在美食地图上被标注为"海虫乐园"，海虫就是带壳海鲜。表面上看，如此概括这片庞大的国土似乎草率了些，东北沿海也有许多其他美食，而美国的海岸线上到处都有带壳海鲜。话虽如此，带壳海鲜依旧是东北的标志，一个土生土长的波士顿人不是咕哝着"真他妈好"，就是惦记着"龙哈"。[1]龙虾早已成为新英格兰的代名词，就像大家一提到纽约都觉得纽约人仇恨一切。东北沿海的人们太热爱带壳海鲜了，康涅狄格州、纽约和长岛有吃生蚝的优良传统，马里兰州则离不开螃蟹。严格来说，马里兰州其实属于中大西洋地区，但它必须划进东海岸的"爱虫文化"——只要是可以打开的带壳生物，那些爱虫者来之不拒。

带壳海鲜不是我的菜，我是从中西部来的，除了偶尔吃点鲜虾配鸡尾酒外，我跟大多数带壳海鲜（以及其他海鲜）绝缘。我都不知道谁能

---

1 波士顿英语有较重的口音，"真他妈好"的原文为"wicked"，原意为邪恶、诡异，但在波士顿方言中为褒义词。"龙哈"处原文为"Lobstah"，夸张了波士顿人将"r"拖长为"-ah"的发音习惯。

认出一只自然形态下的鲜贝，它们是贴在水族馆的墙壁上吗？法国人把海鲜称为"海洋中的水果"，科学家把它们叫做"甲壳纲生物"，但于我而言，它们只是海底令人毛骨悚然的巨大爬行类昆虫。如果一样东西长得像是从冰箱底下爬出来的，我绝不会把它当成食物，这是我的原则。鱼类在深海孤独地游着，它绝对希望那些带壳生物能够早日灭绝种族——红龙虾餐厅（Red Lobster）的商标和杀虫剂一模一样。带壳的海鲜就是虫子，它们和虫子一样有壳，有一堆爬行用的细脚，而我最多只吃四条腿的东西。带壳海鲜甚至还有天线，它们或许就是上世纪 60 年代科幻片里的怪兽。要是你真的喜欢带壳海鲜，请认真考虑一下这些问题。如果你在家中发现了一只鸡，你会思考它闯入的原因；如果你在家中看见一只龙虾，你就不得不搬家了——因为它与巨蝎压根没有区别！

新英格兰地区：龙虾

"龙哈"在菜单上是件稀罕物件，它又贵又少见。它们总是被特殊对待，餐厅经常用水箱来放置这些大钳上绑着橡皮筋的家伙，这些家伙则常常好奇地盯着外面。

> 龙虾："你来这里干什么？"
>
> 吃客："我打算吃了你。"
>
> 龙虾："好极了。哈维，这个家伙打算吃……哈维？哈维哪里去了？"

在一些有龙虾缸的餐厅里，吃客可以自己挑选龙虾。这事其实挺诡异的，"那只与橡皮筋搏斗的龙虾看起来不错，我们煮死它吧？"我完全无法理解这一过程，我是来吃饭的，不是来扮演刽子手的。

这些或许会让动物保护组织感到不适的脑补其实都有理有据，毕竟对很多人来说，龙虾可是绝美的佳肴。每次听人说"我爱龙虾"，我通常都点头同意，"我也爱黄油"。事实上，黄油才是龙虾的魅力来源，每一口龙虾都淹没在绝佳的调料里——黄油。

> 路人甲："我要怎样才能吃掉三大块黄油？"
>
> 路人乙："这里有只巨型海蝎子，或许我们可以用黄油煮死它……"

受到《欢乐满人间》（Mary Poppins）主演朱莉·安德鲁斯的启发，我总会在"一勺黄油，虫肉就会——"之后加上"——易于下咽啦！"[1]

点龙虾的过程也渲染了一种神秘的氛围，它对龙虾的流行功不可没。菜单上的龙虾通常以"市价"供应，简而言之，就是你吃不起的价——当地最高级的市场中最昂贵的单价。龙虾独特到甚至有专属的战袍相伴。吃龙虾可是个"脏"活，你得不介意穿上婴儿围兜似的龙虾围裙。胡桃夹子是勇于尝试的龙虾行家们的绝佳利器，方便把大钳中的龙虾肉吃个精光。龙虾刀则能让你像个专家一样轻松解剖龙虾尾，它是某些牛排馆中最奢华的前菜，用在盐水中都能存活的海蝎子尾来搭配牛排，简直是"黄金拍档"。这两种动物活着的时候一山不容二虎，而现在，它们在同一个瓷盘里伪装出光荣虚假的团结。心安理得地吃根鸡翅对我来说都是件难事，居然有人热衷于吃龙虾的尾巴？"它离龙虾屁股不远是吧？我就想吃那个，带一点泥煤的虫屁股，真好吃。"

---

1 戏仿自《欢乐满人间》中著名插曲 A Spoonful of Sugar 的歌词，"Just a spoonful of sugar helps the medicine go down in a most delightful way"（一勺糖就能让吃药变得简单）。

世界是生蚝的[1]

一个世纪以前，到了缅因州必然要吃龙虾，到了纽约必然要吃生蚝，有点不到长城非好汉的意思。在纽约，你可以欣赏原汁原味的百老汇音乐剧，然后吃掉整船的生蚝。东海岸每一个黑压压的码头上都堆满了蛤蜊与生蚝，长岛也是如此，那儿甚至有个镇就叫做牡蛎湾（Oyster Bay）。我猜在一百年前，牡蛎湾是个满是生蚝的大洞，海湾倒是很小；而如今，那儿的蛤蜊和生蚝都快绝迹了。发生了什么？我们把它们全吃光了！

最近，科学家们声明生蚝已经功能性灭绝了。由于我们的贪得无厌，全世界 85% 的生蚝生态系统已经遭到破坏，只剩下 1% 的野生生蚝了。如今生蚝成了昂贵的佳肴，我无法理解这一点，更搞不懂人类最早进食生蚝的原因是什么。我知道 18 世纪的食物品种并不丰富，可是为什么要吃生蚝？你们是有多饿才会出此下策啊？也许有两个人打了一整天鱼却一无所获：

> 渔夫甲："这里啥都没有。"
>
> 渔夫乙："真是什么都没有。"
>
> 渔夫甲："我好饿。"
>
> 渔夫乙："我也是。我找到了一块有鼻涕的石头，我想吃了它。"
>
> 渔夫甲："好吧，吃吃看。"

1　原文为 The World is your oyster，是莎士比亚创造的俗语，指"随心所欲""世界由你做主"。

渔夫乙：（咂咂有声地吃着。）

渔夫甲："吃上去怎么样？"

渔夫乙："像得了肺炎一样。"

　　菜单上通常是这么描述生蚝的——半壳生蚝（half shell），难不成它还被严严实实包在餐巾纸中吗？吃生蚝的过程简直反人类，"挤一点柠檬汁，滴几滴辣椒水，把生蚝扔进你的喉咙，喝一大口伏特加，然后忽略它是石头中的鼻涕的事实"。这哪是在进食，你这是在嗑药啊！

　　不仅东海岸保留着这种奇怪又恶心的传统，这些稀有且濒临灭绝的生蚝也出现在其他城市，仿佛在任何水中含盐的黑暗码头，生蚝与蛤蜊都能生存繁殖。生蚝有西岸与东岸之分，从爱德华王子岛到普吉湾（Puget Sound），口味各有特色。"旧金山的鼻涕虫比海湾的更有鼻涕味，它们都产自那些肮脏的码头。"我搞不懂生蚝的核价机制，"这只鼻涕虫是从新斯科舍的码头找来的，收它 200 美元吧！"

　　生蚝的恶心程度只比它的近亲洛基山鼻涕虫好上一点。很多人也许不同意我的观点，但某些对生蚝的辩护听起来就很荒谬。有人说生蚝可以催情，这没有任何科学依据，为什么有人会相信这种无稽之谈呢？想象某男子在酒吧中勾搭了一位女性，"宝贝，让我们弄点鼻涕虫吃吧！我们可能会在床上翻云覆雨，也可能被送进急诊室，顺其自然。"催情？你该庆幸吃了生蚝之后自己还活着，算是庆祝你和谁打了一炮，这还比较可信。

　　有一次，我有个朋友义正言辞地说，"珍珠就是从生蚝中来的。"我无法理解他的说辞，只是在不吃的食物清单中又默默加了一条：我不吃可以变成珠宝的东西。钻石是碳构成的，所以我们不会把它加进鸡尾酒酱；如果珍珠真是产自生蚝，那我们更不能吃它们了，谁会把生意伙伴给吃了？

> 想要珍珠的："我们这样做：我拿稀有的珍珠，你来吃掉这些石头中的鼻涕。"
>
> 不想要珍珠的："好吧，那我具体要做什么呢？"
>
> 想要珍珠的："你可以告诉别人生蚝催情。"
>
> 不想要珍珠的："成交。"

马里兰因螃蟹而存在

马里兰州因螃蟹而存在，货真价实的螃蟹（crab），而非横行霸道者（crabby）。这句口号最早是对邻州"弗吉尼亚为爱而存在"的拙劣模仿，不过它也确实代表了马州人民对螃蟹的热爱。马里兰州为蟹而存在，他们爱得深爱得真。马里兰大学的校队名叫"甲鱼"（Terrapins），州橄榄球队和棒球队叫"乌鸦"（Ravens）和"金莺"（Orioles），但在马里兰人心中，简单直接点，它们都可以称为"蟹队"。一进入马里兰，螃蟹促销的声音就不绝于耳，"你该吃点螃蟹！蒸蟹怎么样？要不来点蟹肉饼？"我总是礼貌地询问能不能只付通行费。在马里兰州，蟹已经不只是重要的食品产业与出口物了。在马里兰东岸的某家螃蟹餐厅，曾经有个不是服务生的陌生人来跟我和吉妮搭话："我实在忍不住了，你好像没有点螃蟹，是有什么特殊理由吗？"我一时语塞，只能在惊讶后老实回答："我已经点了想要的。"我实在没有勇气告诉他，我不喜欢吃"虫子的肉"。

螃蟹深深融入了马里兰州的文化。众所周知，马里兰州度假屋的每间房里都挂着一张螃蟹的肖像，厨房的防烫垫、吸油纸、碗碟，它无处不在，甚至出现在根本想象不到的地方。"我的汤碗底有个虫子！"这可不是夸张，我有这种痴迷的第一手资料。每年夏季，我都会在马里兰州东岸参加一周由阿姨凯蒂召集的家庭聚会，聚会的高潮发生在阿姨家中：铺着报纸的野餐桌、整齐放在木碗边上的椰头与快刀、桌子中央宝藏似的一箱熟螃蟹、长得像螃蟹的开蚝刀，实在太讽刺了。接下来的数小时里，亲戚们将围坐一团，举行吃螃蟹仪式。大家用木椰头敲打桌子，声音震耳欲聋，大有打造一辆松木马车的阵势。氛围像同学会似的轻松愉快，只是大家都在吃虫肉。

我可没法参与其中，作为五个孩子的爹，我的主要工作是防止孩子们掉进边上的泳池里。好吧，那是我的借口，即使没有孩子，我也没法苟同这种野蛮的碎虫仪式。螃蟹值得我们如此大费周章吗？这玩意真的能吃吗？用椰头吃螃蟹，这难道不是一种警告吗？

女服务员："你在吃螃蟹？我给你拿个工具吧，你可以用它打开虫壳，取出虫肉。"

螃蟹就像是带壳海鲜中的开心果，但吃的时候总是得不偿失，忙乎半天却劳而无获。一个训练有素的食蟹者可以在"餐饮验尸"中解剖出许多肉，肉大多集中在蟹钳（或螯）里。螯听上去不怎么开胃，我们还是叫它"钳"吧。谁会吃一只钳子呢？超大的蟹钳是蟹与生俱来的有力武器，也是它仅有的攻击力来源。如果你抓起一只活螃蟹，它极有可能会使劲夹住你的手指，"没人能抓住我，因为我有钳子"。讽刺的是，它还真把钳子当成枪了："我拿着枪就无敌了……谁在吃我的枪？"

蟹身上有些脏东西不能吃，但我觉得整只蟹都不能吃，都有性病[1]与它同名了，点螃蟹的人怎么还坐得住？我想象一对正在约会的情侣，男士打算通过点菜给女士留点好印象。"是的，我和妻子长了阴虱……不，我长了阴虱，然后传染给了她，"他轻轻对侍者说，"别告诉她，这是个惊喜。"除开带病的名字和可怕的躯体，螃蟹的所有特征无一不令人毛骨悚然。它只会横着走，横着朝右再朝左，好像总是在逃避什么尴尬的事。"我欠那个人钱"，然后就横着逃走了。

上帝大概正在天堂迷惑地俯视人间，"我怎么才能阻止人类食用螃蟹？我给了它们坚如顽石的硬壳、把它们放在海底，还用疾病给它命名！我应该让它长满针刺！（朝后看）耶稣，看来你得再下去一次了。"

龙虾、生蚝，还有螃蟹，上帝啊！

我不只害怕带壳海鲜，所有海产品都让我心里发毛，我实在搞不懂它们有什么诱惑力。比如凤尾鱼，它和流着汗水的眉毛到底有什么区别？"那是汤姆·塞力克[2]的八字胡吗？为什么要把它放在比萨上面？"章鱼（Octopus）[3]的意思可是八只脚！"我最喜欢它的长脚，那些吸盘提醒我们该买新的防滑垫了。"章鱼是最早的海洋怪兽，以前，它是百无聊赖船员们的笑料；如今，它是好吃者的高端料理。不过在仔细烹饪，去除黏液、腥味和墨汁之后，章鱼的确是种美味。

人们常常将这些稀奇古怪的食物视为佳肴，实际上它们只是贵得离谱罢了。每种文化都有它对美食的定义，但最近西方的种种"美食"却让我感到困惑。鱼子还没成熟就被从妈妈的肚子里拽出来，这我还勉强能接受，那蜗牛呢？"蜗牛是道美味。"参照物是藤壶和鼻涕虫吗？你就

1 Crab louse，指阴虱。
2 汤姆·赛力克（Tom Selleck），美国著名演员，以八字胡著名。
3 Octopus，"octo-"的词源为"8"，"-pous"的词源指"腿"。

不能吃点别的？"我原本只吃泥土和蠕虫，但一吃蜗牛我就爱上了它。"有人说蜗牛来之不易，给我一把铁铲，我保准二十分钟内弄一个给你。人人都知道蜗牛有多恶心，这就是为什么大厨用红酒黄油汁给它配餐。在没有烹饪前，蜗牛的样子丝毫撩不起人的食欲，如果装在一桶烂泥里抬上桌，保准没人愿意吃。

有时候想想，我们吃这些可疑的谜一样的食物或许也情有可原：只要有机会，人类什么都吃，我本人就有这个趋势，但我只吃"能吃的"。"人类站在食物链顶端"这种说法有点言过其实，就拿鱿鱼来说，我们为什么要吃海底蜘蛛啊？炸鱿鱼就像炸橡皮水管，味道保证一样好，"配上点鸡尾酒酱，简直完美"。你点过炸鱿鱼吗？其中总有那么一块长得像是狼蛛。"你吃这块吧，我消灭那些炸管子就行。"

烧烤乐园

美国东南部的每一个城市都有自己独一无二的本地食物，但有一样是共同的——烧烤，不过每个城市都说自己与众不同。当然，烧烤不是南方特有的料理，烧烤乐园往北可以一直延伸到堪萨斯城，我在伊利诺伊的香槟市和纽约的雪城（Syracuse）也吃到过绝赞的烧烤。不过，真正的烧烤中心还是在南方。

在南方，单口喜剧的巡回演出更像是吃烧烤之旅。各个城市都有为之自豪的秘方，南方佬永远用这两件事自吹自擂：总统曾是这儿的食客；全世界都吃不够南方烧烤，还要当成特产带回去。"奥巴马吃过我家的烤肉，我们的烧烤还能邮寄。"寄送的特产是品质的象征，我可没有胆量将垃圾包裹发送到世界各地去。南方人的言外之意是："我们有最好的烧烤，你又是个胖子，为什么不犒劳一下自己呢？"拒绝他们太粗鲁了，所以我一直照办。

烧烤要么是最好的食物，要么就是最难吃的，没有中间地带。它们要么美味得让我赞不绝口，要么就让我连刀叉都懒得动。当然，最后我还是把它全都吃了，我可不是个无礼的人，我要保持文明有礼。

烧烤的口味参差不齐，它的变化之多简直和"barbecue"的词义之多不相上下。听到"barbecue"，不同的画面会涌入你的脑海。有人想到烧烤用具，比如烤架；有人想到朋友聚会；有人想到酱汁，"鸡腿要多放点烧烤酱"。它是名词、动词、形容词，甚至是块薯片。烧烤是我唯一知道有缩写的食物，它一开始写作"Bar-B-Q"，而后又变成"BBQ"，也许是为了省下更多时间让我们大快朵颐。

堪萨斯城

我并没有把南方的烧烤吃个遍，我吃过的烧烤甚至大多不在南方。在密苏里州堪萨斯城，有一家烧烤店叫 Oklahoma Joe's[1]，这和密苏里州有个地方叫堪萨斯一样滑稽。更难以理解的是， Oklahoma Joe's 开在一家加油站里，那可不是改装的主题公园，而是一家实际运营中的加油站。乘大巴进行城市观光时，有人强烈建议我们去那个加油站吃一顿。我觉得这个建议不错，如果食物不好吃，至少孩子们能有个坐在易燃液体周围进食的难忘经历。

我们在上午十一点到店，店门口居然排着队，不是取款机前两两三三的人，而是货真价实的长队。一开始我担心孩子们坚持不下去，还怕吉妮又要指责我对不健康食物的钟爱——这玩意要等四十五分钟，最后还没有过山车作为奖励。幸运的是，我为吉妮和孩子们找了一张空桌。当我回到队伍中时，发现那长队中清一色全是男人，一群三四十岁、筋疲力尽的矮胖秃子，跟我没什么两样。更不可思议的是，队伍中的这些中年人看上去都很快乐，平时他们可连个牛奶或纸尿裤都不屑去给孩子

---

1 Oklahoma，亦为美国中南部一个州名，中文译名俄克拉荷马州。

买。"小孩子喝水就行了，喝完拉在纸巾上也成，反正我不愿意跑腿。"众所周知，排队时人会更加易怒，很多人排个五分钟就会一反平日的性格，变得烦躁、气愤、抱怨不停。然而在 Oklahoma Joe's，所有人都像是在排队兑换中奖的彩票，迷失在快乐的白日梦里。时不时地有人转过身对陌生人欢呼："我要点胸脯肉，你要吃啥？"队伍的尽头仿佛有一扇门，打开它就是光明，"欢迎来到胖子天堂！这里永远都有美式足球比赛和啤酒畅饮，明天你可以睡一整天，没有那么多七七八八的事找你，你还可以在加油站大快朵颐"。最终，我排到柜台下了单，带着两盘烧烤走回桌边，吉妮与两个孩子已经睡着了，另外三个正在桌子底下玩城堡游戏，桌子上堆满了空的饼干包装袋、碎屑，还有一截截蜡笔。吉妮醒来，射出匕首般的眼神，耳朵中似乎还冒出一股烟，可能是因为她不喜欢手撕猪肉。这就是女人！总而言之，老乔家的烧烤很好吃，而且离开前还能加满油，美食果腹，油箱填满，多么完美的下午啊！

南方的舒适

南方人很客气，即使言辞粗鲁也显得文质彬彬，这是他们的共性。他们说话慢吞吞的，听起来像是在念经，即使他们让你滚，遣词造句也很友好："您能慢慢滚过去吗？谢谢。"南方人就是客气，但他们总是慢半拍，不是脑子慢，而是动作慢。

消防员："你必须出去，你的房子着火了！"
南方人："好的……我会离开的。让我先喝点甜茶……再处理这讨厌的火灾。"

肉汁热松饼

南方人如此波澜不惊的罪魁祸首或许是热松饼和肉汁。他们走起路来都像是刚吃完两份肉汁饼，亦如感恩节大餐刚刚散席。饱胀难受时，在沙发上心满意足地打个盹，这就是梅森—迪克森线[1]以南的日常生活。肉汁松饼与此绝对逃不了干系，吃完那玩意，你的双腿就像被绑了保龄球似的。

最神奇的是，肉汁松饼是南方人的早饭。这可不是半夜酩酊大醉后的胡话，他们一大早就想吃点胶黏剂了。到了中午，他们又开始吃炸鸡和华夫饼，这些暴食全部发生在下午两点前，然后南方人就再不起身了——他们已经精疲力竭。大多数南方菜的食材都是一种东西，比如胶质纸板，他们用这玩意来做菜，成品是纸糊的玩具。我确信这也是南方人口齿不清的原因，一整盘肉汁饼下肚，你没法指望他们能发出"you"和"all"这两个音。"这些肉汁饼真好吃，y'all[2]……"接着就是午餐，我永远都不明白，为什么有人能在一顿饭中，心安理得地既吃炸鸡又吃华夫饼。

"炸鸡的配菜该选什么？"

"炸薯条？"

"不，配点优雅的——比如华夫饼或者烤肉卷。"

也许有些人会这样想："我就是喜欢在午餐时，再体验一把早上那种心脏病发边缘的刺激。"我对肉汁松饼或炸鸡配华夫并没有意见，它们都是美食，我要是个南方佬，我会活活把自己给吃死。在一次为期九天

1　梅森—迪克森线（Mason-Dixon Line），美国地理上南北的分界线。
2　南方人在口语中会将 you all 的发音简略为 y'all，很多情况下并非明确的指代。

的公路旅行中，我每天早饭都吃肉汁饼，直到现在我都没有上过厕所，那次旅行可是二十五年前的事了。

玉米糊

说到南方食物，就不得不提玉米糊。有次我在演出中提到了它，南方人就开始热情鼓掌，仿佛我提的是他们的大学或他们支持的球队。南方人大多喜欢玉米糊，但也不是每个人都能接受，"如果你喜欢没有肉汁味的肉汁饼，那你会爱上这种手作湿砂糊的"。我也曾努力试着爱上玉米糊，却还是在餐厅中忍不住咕哝："这东西是没烧熟还是烧过头了？难怪你们会弄出私酿酒来。"当我向南方人表达不满时，他们会这样回答："你得在玉米糊里加上一磅奶酪、一杯糖，还有三十根拐杖糖。"南方人从不掩饰他们对垃圾饮食的偏爱，这是我喜欢那儿的另一个理由。以下对话再现了我在弗吉尼亚州洛亚诺克（Roanoke）某家餐厅点菜的经历。

> 我："（看着菜单）我要一桶猪油和盐棒。"
> 女服务员："要油炸吗？"
> 我："好的。"
> 女服务员："你想要我们在你进食的时候射杀你吗？"
> 我："当然。"

南方好比宽慰食物之家。我做任何食物的第一原则都是好吃，我觉得这点还挺值得骄傲的，但相比起来，南方人的做法更特立独行。南方食物的味道几乎都不错，而"南方做法"则根本不考虑卡路里。你不会在南方的家庭菜谱上找到任何营养师的建议，如果有，他们也只是告诉你什么东西实在不能吃。梅森—迪克森线以南的怀旧饮食，会让你梦回那个在赌场里吞云吐雾的年代，你突然意识到健康守则似乎还没有入侵南方，好一场穿越时空的旅行。

萨瓦纳

接下来，我将重点介绍一次去佐治亚州萨瓦纳，拜访著名的"威尔克斯夫人私房菜"（Mrs. Wilkes' Dining Room）的经历。我们全家到达目的地时烈日当头，萨瓦纳的林荫道上排着长队，街上满是等待入座的人群。此时此刻，我知道吉妮又要生气了，要知道，婴儿可忍不了长队。

小婴儿本来连大门都不该出，漫长的队列只能说明家长的功课做得不够，那天的大冒险又是我为了美食牺牲家庭的馊主意，我只能努力说服吉妮"一切都会值得的"。队伍中满是穿着体面的退休人士，仿佛是乡村俱乐部在公开招募节目演员。他们乖乖地排着队，就是为了能在威尔克斯夫人的南方木板屋中吃顿饭。幸运的是，我们很快等到了一张十人桌，但我们得与一家吵闹的陌生人拼桌，店里乱得像是红花铁板烧[1]。无须点菜，桌上很快就铺满了诱人的食物，乔治·温特[2]一定会被它们迷住。我们都没空说话，眼前尽是炸鸡、浇汁玉米饼、山芋蛋奶酥、黑眼豆、秋葵糊、奶酪通心粉、玉米蛋糕、热松饼以及那些"必点清单"的其他东西。这些碗仿佛有魔法，从中舀出三大勺却一点不显少。它们可以自由混合成全新的组合，味道独特，十分诱人，一加一大于二。我胃口大开，然而永无止境的食物大军最终还是打败了我。最后我不得不投

1　红花铁板烧（Benihana），起源于纽约的日式铁板烧，总部在佛州，遍布全世界。
2　乔治·温特（George Wendt），美国著名配音演员与单口喜剧演员，胖子。

降，"南方，你赢了你赢了！"感恩节大餐后，你可以歇上几小时再重新投入战斗，重温你与火鸡三明治的美妙邂逅。威尔克斯夫人不提供打包盒，不允许你带走任何没有吃完的食物。食客们就像穿越到了《阴阳魔界》（The Twilight Zone），无穷无尽的美味与满载历史感的餐厅融为一体，缺少任何元素，都有损威尔克斯夫人餐厅时间魔法的魔力。

威尔克斯夫人私房菜的用餐区位于这座 19 世纪木质建筑的底层，餐厅在这儿运营了半个多世纪。威尔克斯夫人立志要在简单而不失体面的环境中，为来客提供舒适的住宿与美味的家常南方菜。在造访此地之前，我一直都不理解木板屋在南方文化中的重要性，后来我才发现，狼吞虎咽下十磅炸鸡与配菜，谁还有爬起来挪窝的力气？为了避免丢人，你只能躺在木板屋里休息；就算铆足劲爬上楼，你也找不着自己的床铺，只会跌进别人的床里。别误会，这种荒唐事在我身上没发生过，我是幸运的——吉妮和孩子把我拖回酒店去了。

超级碗食物乐园

在美国，二月的第一个周日是个特殊的日子。超级碗就在那天举办，美国橄榄球联合会与国家橄榄球联合会的冠军激烈争夺大联盟的年度冠军，人们在比赛日尽情狂欢，对各种广告评头论足。我很享受橄榄球赛，也喜欢看创意广告，但最吸引我的还是超级碗派对上的那些吃的。那是美国垃圾食品的大联欢：热狗、比萨、水牛城辣鸡翅，各种下酒菜和电视伴侣……它们是超级碗周日的最佳代表，还有什么比这更美国吗？游历风光迷人的祖国全境后，我发现还是中西部的人们最能把握超级碗周末的真谛。

我在中西部长大，那是美国中部的枢纽区。但对于大多数沿海城市的人们而言，中西部的生活很枯燥，充其量也不过是枯燥而略带迷人。虽然我不同意这种观点，但我也能体会这种感觉。我生长于斯的那个印第安纳州小镇连麦当劳都没有，十岁时我简直怀疑人生："这儿不是我的故乡，一定有什么搞错了。我是被抱错了吧？我不是中西部人！"长大后，我到了纽约城，一落地就发现自己确实属于中西部。 20 世纪 90 代，单口喜剧的圈子是以种族划分的，犹太人、意大利人、波多黎各人、黑人，而我则是"中西部人"。我是种族海洋里的一片白面包，不过我还挺喜欢这人设的。说得浪漫一点，我是印第安纳州人，很多人认为那儿是中西部贫困白人的大熔炉，还有人连它在哪儿都不知道。曾经有人问我是不是开拖拉机去上学的，"当然不是，"我跟他们解释说，"有钱人家的少爷才买得起拖拉机。"

其实，我也多少可以理解人们对中西部的蔑视。中西部就像是糖衣炮弹，以最具诱惑力的表象诱骗受害者去定居。从地理上说，中西部压根不在美国的西部，甚至都不在中部。19 世纪前叶，一定有竭尽全力向中西部引导移民的政府官员，与装载行囊的拓荒者们展开了如下对话：

政府官员："我看你准备搬家了，你要去哪里呀？"

拓荒者："听说加州有淘金潮，我要到西部去。"

政府官员："你想过……去中西部吗？"

拓荒者："中西部？它在哪儿？"

政府官员："那里靠近西部！它在当中！具体是西部的东半边，中间地带……那里有平原，幅员辽阔，所以叫它大平原，大平原就在中西部。"

拓荒者："我只是想到西部去。"

政府官员："我有没有跟你说过中西部的湖？那湖很大，就叫超大湖。中西部有大平原，有大湖，每一样东西都很大。我提没提中西部是国家的粮仓？中西部的面包都不要钱。"

拓荒者："好吧，我想我会去的。"

这正是美国的拓荒者精神，我们在一片严寒与荒芜中安营扎寨，而且无聊得要命。在二月喝啤酒、看电视、享用美食，便是我们适应环境的伟大发明。

芝加哥

我在印第安纳州的西北部长大，那儿是芝加哥的城乡结合部。在芝加哥，我常和别人说我来自印第安纳，我喜欢暗自欣赏他们茫然的样子，然后告诉他们印第安纳是芝加哥的邻州，相距也就十分钟的距离。有一次，有个芝加哥女人这样向我描述她的故乡："去密歇根的公路都经过我们那里。"[1]好吧，抛开这些羞辱，我原谅芝加哥了，我爱芝加哥，更爱它的食物。

芝加哥以深盘比萨闻名，但它不是芝加哥唯一的特产。水牛城有辣鸡翅，费城有奶酪牛排三明治，芝加哥有热狗和意大利牛肉，当然还有全国最好的比萨。在东北人竭尽全力为纽约、新泽西与纽黑文的比萨辩护前，我们得先澄清一件事：各个城市都有好吃的比萨，但深盘比萨仅芝加哥有。只有中西部人才有耐心为它等上一个小时，也只有中西部人才能把它整个塞进胃里去。

芝加哥的深盘比萨不仅要在烤箱里烤上一个世纪，还比四个纽约比萨的价格都贵。点深盘比萨需要三思而后行，无论你在哪家店下了单，你都得忍受无穷无尽的等待，仿佛要把一辈子都耗进去。有时我都怀疑它们是在故意折磨我，让我体会"好菜不怕等"的真谛。饿着肚子去吃深盘比萨是个严酷的考验，我强烈反对你这样做。为了打发时间，你可以先吃起熏干酪、腌肉和辣肉肠，你还可以灌下一扎啤酒，权当为漫长的等待做准备。最后，你要的比萨终于上桌了，它装在一个铁盘子里，服务员用某种形状怪异的夹子钳着它，像是下一秒就要去加工玻璃制

1　芝加哥所在的伊利诺州与密歇根州接壤，但去密歇根州，要从陆路走，得借道印第安纳的西北角，虽然路不多，但须经过。

品。可能你吃下一片深盘比萨就已经饱了，因为这一片比萨就有三磅重，馅料之下还是硬脆的厚底面皮。你根本找不到吃第二块深盘比萨的理由，但你还是想挑战一下，因为只吃一片无法平息漫长等待所积聚的兴奋与激情。大多数人最多只能吃两片深盘比萨，但我是个超人。我的兄弟乔住在芝加哥，他总喜欢拿我开涮，说深盘比萨是骗游客的，而我充耳不闻。去年三月，我带着两个八九岁的孩子去吃深盘，他们却觉得那玩意很古怪。古怪？我都想去做一次亲子鉴定了。他们是我亲生的吗？

威斯康星

每年十二月，我和吉妮会带着五个孩子去密尔沃基度假。度假时吃得健康毫无可能，在威斯康星则更是无稽之谈。在威斯康星，我一个星期就能胖上十磅，体重增量是我在威州计算时间的单位：

> "你在威斯康星待了多久？"
> "四十磅。"
> "那你一定是夏日狂欢时来的。"

来威斯康星不长肉堪称天方夜谭，健康饮食在威州根本不存在，他们连沙拉都不卖。追求健康有什么意义呢？威州是黄油汉堡、丹麦酥皮饼、德国烤肠和奶酪的天下，各种奶酪都不缺。在威州追求健康就像去阿姆斯特丹戒毒——自欺欺人啊！

我有很多世间最爱都来自威斯康星：啤酒、德国烤肠、奶酪、我的老婆吉妮。你没看错，这就是我排序的基准。美食在威州随处可见。如果你去那儿做客，无论是早上十一点还是深夜二十三点，走进民居，一定会有个盛满切达和肉肠的奶酪盘摆在你面前。威斯康星人随时随地都在吃，吃的快乐无处不在。进食在威州是件大事，连绿湾队的名字都叫"打包工"[1]。他们就知道吃，密尔沃基的连环杀人犯吃人也就说得过去了，他不过是遵从了威州人的本能。

辛辛那提

一个地方的特产总是与那儿的风土人情息息相关。奥马哈和得州有上等肉排，因为这两个地方有很多家畜饲养加工基地；芝加哥的意大利牛肉和威斯康星的德国烤肠都很不错，因为意大利与德国的移民大多定居在那里。然而，辛辛那提州出产牛肉酱实在是毫无道理，他们吃牛肉酱的方式也匪夷所思，通心粉配牛肉酱，成品居然还挺好吃。在辛辛那提，牛肉酱已经发展出了一整条产业链，辛辛那提的速食牛肉酱产业欣欣向荣。有传言，在20世纪20年代，有个希腊移民打算摆个本地口味的街边摊，他往意大利面里加了热狗用的牛肉酱，我完全猜不透他的逻辑。无论如何，辛辛那提牛肉酱似乎解决了面对两道主菜时的选择困难症。不过，汽车餐厅式的牛肉酱店还是吓到我了，众所周知，开车时最危险的食物就是意大利面，而肉酱紧随其后。那些店打包时居然还不提供筷子，这么一比，边开车边发短信似乎简单多了。

圣路易斯

圣路易斯以薄底比萨闻名，它简直就是芝加哥深盘比萨的天敌。说

1　Green Bay Packer，职业美式足球队名，位于威斯康星州绿湾，标准译名为"绿湾包装工"。

起圣路易斯，我首先想到的代表食物是意大利烤方饺。也许圣路易斯人管炸锅叫烤箱，因为烤方饺绝对是油炸出的。以烤代炸就像是把第二次世界大战简称为"地区争执扩大"。烤方饺其实很好吃，但一出炉就要趁热吃，否则它们会变成石头。

"这玩意是什么时候做的？"

"一分钟以前？它现在该叫圣路易斯钻石了。"

也许很多人都不知道，圣路易斯湾就是用无数冷了一分钟的烤方饺堆出来的。

水牛城

严格来说，水牛城并不处于美国的中西部，但它坐拥五大湖，有一颗中西部的心。水牛城是辣鸡翅的诞生地，仅凭这一点，它就是中西部的一员。吃着鸡翅配着辣酱，不知不觉中，看电视比赛也变得更有趣了。我的读者们肯定也爱吃鸡翅，尤其是水牛城辣翅。但残酷的事实是，那些被下意识蘸进蓝纹奶酪里的食物，其实都是幼年鸡的翅膀。我不是野蛮人，也不想伤害幼崽、夺走鸟类飞翔的能力——但我照吃不误。你们可能在想，"吉姆，你聪明又帅气，一定知道鸡不会飞吧？"口说无凭，你们拿得出证据吗？鸡太依赖那两条腿了，它们把鸡变成了懒汉。你看过河马过江的视频吗？总有只鸟坐在它的背上，那只鸟是有多懒啊！河马渡河要花十分钟，而小鸟倏忽间就可以飞过去，可悲的进化。我真想吃掉那只懒鸟的腿，也许我上辈子就是只河马，它是我的远亲。一只犀牛要是狂吃垃圾食品，也会胖成河马那副模样，瞧瞧河马的长相，它不就是个土生土长的中西部汉子吗？

墨餐之地

在美国西南部的食物中，我最喜欢墨西哥菜。我并不是不爱国，得州和西南的几块地皮本来就是墨西哥的，我们在美墨战争后抢走人家的领土，还"礼貌地"保留原有的饮食、文化和大多数街道名。我坚信不喜欢墨西哥菜的人都是精神错乱，墨餐如此美味，真正的非法移民应该是我这种企图偷渡去墨西哥的大胖子——戴着手铐的金发胖小伙被押解到边境巡逻队，"我只是想吃优质牛油果酱！"——现状却反了过来。墨西哥菜口齿留香，让人心满意足，连二流墨餐厅都能打败其他百分之九十的食物。

我曾经在印第安纳州（你没听错）做过墨西哥餐厅的服务员，全天下有两个地方的墨餐美味绝伦，一个是印第安纳，另一个是比利时，我可不是在瞎扯。中西部有大量墨西哥裔美国人的社区，印第安纳也不例外，所以我家乡的墨餐其实还行——其实，把墨餐做得难吃也是需要技术的。我在中西部的城乡结合部长大，那里的墨餐只有四种食材，面对食客们的种种提问，我作为服务员的回答如出一辙。

食客："干酪玉米片（nachos）是啥？"

我："玉米饼、奶酪、肉和蔬菜。"

食客："卷饼（burrito）是什么？"

我："玉米饼、奶酪、肉和蔬菜。"

食客："炸面饼配沙拉（tostada）是什么？"

我："玉米饼、奶酪、肉和蔬菜。"

食客："好吧，那……"

我："都是同样的东西。你随便说个西班牙词吧？它们都是用玉米饼、奶酪、肉和蔬菜做成的美食。"

相同的食材，只有形状不同，这简直居心叵测。两百年前墨西哥人大概开了个大会，有人站起来说：

"我把大家召集来的原因很简单，我们可以给这些一模一样的主菜起七个不同的名字，然后卖给美国人，有人赞成吗？"

一个坐在后面的人说："这不是欺诈吗？"

"只要你保守秘密，我们可以用你的名字命名一道菜，你叫什么？"

"我叫 Chimichanga（油煎面饼卷）。"

这是一个真实的故事。最好的墨西哥菜（美式或得州墨餐）属于圣地亚哥、洛杉矶、阿尔伯克基，当然还有得克萨斯。那里才是大厨们的藏龙卧虎之地。

牛油果酱

牛油果酱是我的最爱，要是我不幸暴毙，孩子们一定记不住我是谁，而只记得那个往家里带昂贵绿色果酱的谢顶家伙。有朝一日，我真希望牛油果酱的发明者能被某个大人物接见，"你太伟大了，我们应该感谢你为这个星球所做出的贡献"。牛油果酱的原料自然是牛油果，但它美味至极，将它算作奶酪也实至名归。萨尔萨酱在牛油果酱面前颜面全无，只有牛油果酱才是餐桌上的明星。牛油果酱适合即制即食，它在空气中暴露一分钟就会变黄，不过在变黄之前，它早就被一扫而空了。正宗的牛油果酱应该有许多小颗粒，我可不喜欢平滑的口感。

小油条

小油条起源于西班牙，既然我在书中盛赞了威斯康星的德国烤肠，那我也有权埋怨小油条几句。如果你不知道它是什么，就想象一下有棱纹的甜甜圈。小油条不像甜甜圈那么松软，它又硬又脆，像是油酥糖水管清洁棒。集市上总少不了小油条的身影，就像不会缺席的棉花一样；有时它也会在禁止进食的地方出售，比如纽约地铁的站台。至今为止，我只买过一次小油条，我买的时候摊主显然震惊了。冲动购物之后，我才意识到自己从没见过谁在吃那玩意。也许那位摊主回家后会激动地朝室友大叫："Churro（小油条）！你还记得那根你喝醉时做的小棒子吗？我今天终于把它卖掉了，简直难以置信！"

辣椒奶酪

每次去得州，辣椒奶酪（queso）都是我的心头好，虽然算不上非吃不可，但我总想弄上一份。辣椒奶酪是融化奶酪与辣椒的完满结合，是我最爱的独星州[1]特产。它是一种配玉米脆片食用的得克萨斯墨西哥前菜，上桌时就像电影中那些浇了一大堆恶心奶酪的玉米碗，只是这奶酪货真价实，不是用回收塑料制成的垃圾。在西班牙语中，queso 就是奶酪的意思，辣椒奶酪能让你在享受美味时，省去咀嚼的恼人环节。辣椒奶酪就像牛油果酱的不健康近亲，正餐开始前，它就能撑满你的胃。

青辣椒

新墨西哥州人对青辣椒如痴如狂，但我很惊讶他们对青辣椒的爱没有传播到全国。青辣椒无疑是一种美味，它没有墨西哥辣椒那么刺激，口味温和留香，两者相比，就像三伏天的寒流与恒温的空调房。在新墨西哥，青辣椒不可或缺，它比任何一种调料都重要。炖青椒、青椒汉堡、青椒比萨、青椒土豆丝，它们可不是摆设，每个都是新墨西哥州的招牌菜。青辣椒没有在全国盛行，也许是因为新墨西哥人把它们都藏起来了。阿尔伯克基的每个冰箱里都储藏了大量青椒，以防突如其来的物资短缺。曾经有个出租车司机向我坦白，她在冰箱里藏了十磅青辣椒，我压根没提起过这个词，她却不打自招了。说实话我还挺嫉妒他们的，新墨西哥人可能青辣椒上瘾，它畅销得像是禁运品。当地人会在路边的

1　得州州旗上只有一颗星星。

改装卡车上出售青辣椒玉米卷饼，人们居然会纷纷停车购买。青辣椒让人兴奋却又带几分危险，有点是药三分毒的意思，你要戴上手套才能撕扯它们，不然皮肤会被灼伤。如果我在新墨西哥州生活，我一定会因过量摄入青辣椒而遭起诉。《绝命毒师》（Breaking Bad）似乎马上就要重拍了，据说这次制贩的不是冰毒而是青辣椒，我都等不及了。

油炸面包

美国西南部有震慑人心的壮丽美景，但更令人震撼的，是西南的油炸面包。美国是垃圾食物之乡，然而新墨西哥、亚利桑那和犹他州更上一层楼——它们售卖油炸面包。油炸面包让我有种找到组织的亲切感，甜甜圈其实也是油炸的面包，但它的名字至少还没那么直白。在西南部的某些地区，"炸"字甚至会被写成动词（fry bread），它似乎是在发出一种号召："如果你嫌自己不够胖，那就来炸面包吧！让我们一起胖起来！"油炸面包很接地气，它几乎可以跟任何食物搭配，可以做辣味塔可、浇上蜂蜜糖浆当甜品，也可以直接当零食吃，简直是垃圾食品之王。

吃油炸面包时你有过毫无罪恶感的时候吗？真正融入油炸面包的文化是需要面试考核的。

> 面试官："你在淋浴时吃过蛋糕吗？"
>
> 求职者："试过几次。"
>
> 面试官："不错。为了不和孩子们分享食物，你会边开车边进食吗？"
>
> 求职者："我每天都这样！"

面试官："你合格了！"

油炸面包光听名字就跟健康饮食背道而驰，它是节食的敌人。

　　减肥医生："你要严格遵守饮食要求，不吃油炸食品，不吃面包。"
　　我："（打断）那油炸面包呢？有没有只吃油炸面包的减肥方案啊？"

　　我无意指点热爱油炸面包的人，我敬佩他们的诚实。我也想吃油炸面包，只是不摆在明面上。

　　"你喜欢吃油炸面包吗？"
　　"从来不吃！我只吃那种长得像大象耳朵的东西。"
　　"你喜欢吃油炸面包吗？"
　　"当然不！我是上等人，我选择法式甜甜圈。"

红酒乐园

　　演出散场后，与热情洋溢的观众们互动是一件乐事。交谈间你得以窥探当地人的性格，也能找到他们引以为傲的东西。有些州很直白，"纽约人可不好搞""得州就喜欢巨无霸"，我的老乡则含蓄许多，"我来自印第安纳，我该走了。"某些城市的观众表达感激时近乎道歉："辛苦你大老远跑来，你能把我带走吗？"我来自印第安纳的一座小镇，对他的痛苦感同身受，我们的故乡实在乏善可陈。

　　北加利福尼亚的家伙们对故乡毫无歉意，这种骄傲独此一家，这不是出于傲慢，而是因为感激。北加州美丽、丰饶而惬意，当地人健康而富有，平时都喜欢小酌一杯。北加州也是红酒之国，葡萄酒无处不在。正如圣路易斯出产百威，红酒已经融入了北加的文化。每次去北加巡演，我都会收到红酒作为礼物，室外舞台也位于风景秀丽的酿酒厂，让我陶醉如画中人。去年我甚至参加了 Bottle Rock 音乐节，"bottle"当然意指红酒，毫无疑问，我又收了几瓶葡萄酒作为谢礼。

　　我喜欢红酒，但肯定算不上专家。我可怜的知识只够区分红白，而伪装的渊博常常会被餐厅的酒水单戳破。真有人读得懂酒单吗？谁对此了如指掌，那他多半是每顿早饭都要配三瓶酒佐餐的酒鬼。酒单像是酒主题的精装百科全书，内容包罗万象，我假装读得如痴如醉，却压根看不懂。我永远都记不住过去品尝过的好酒，大概我当时喝醉了吧。

　　偶尔我会神经错乱，请侍者推荐合适的佐餐酒，他们多半会指着最昂贵的瓶子，"这个跟您的主菜很配"。有时我会暗自思忖，怎么没有牛奶盒装的红酒呢？我的钱包与利乐包装最配。高档餐厅里数不胜数的红酒品类着实吓人，它们从不会在酒单上重复出现，每次打开那本天卷，我都想找出某个熟悉的名字，却终究自取其辱；高中考试前的噩梦重现了，你认得每一个单词，却读不懂文意。高档红酒单面前，我永远是如假包换的白人乡巴佬。

　　喝红酒有固定的仪式，酒杯是必需品，其他容器都不行，没人会给骰盅[1]倒酒，也没人会给儿童鸭嘴杯斟满红酒。仪式一般在正餐品酒时达到高潮，焦虑总会在打开一瓶新酒时涌上我的心头，将我所有的自信都蒸发殆尽。好酒应该是什么味道？差一档的酒呢？我只能无助地望着侍者："就这个吧，挺好的，加满就行。"

1　骰盅（Yahtzee），知名游戏厂商孩儿宝的一种游戏，由五个骰子加骰盅构成。

咖啡乐园

提到咖啡，就不得不提太平洋的西北岸。西雅图改变了咖啡的制作方法，至少改变了我们消费咖啡的方式。星巴克、塔利咖啡（Tully's）、荷兰兄弟（Dutch Bros）、西雅超佳（Seattle Best）……它们都位于地图的左上角，都是上等的好咖啡，但是要论客流量，还是星巴克夺魁。商场、酒店、洗手间门口，星巴克无处不在。"我们来卖三百度烫的浓咖啡吧，要价五美元一杯。"现在听来，约翰·星巴克的主意依旧难以置信。

咖啡是用咖啡豆制成的，它应该算作一种蔬菜，它也是大多数人早餐时唯一的必备品，虽然我下午才吃早饭。咖啡是生活中必不可少的食物，它值得拥有我们为它搭配的圣诞礼物，比如一个写着"世界上最伟大蔬菜"的马克杯。我需要咖啡才能从床上爬起来，面对一整天的劳作，但十五杯下肚，我几乎要耗尽全部能量才能处理咖啡因的副作用。咖啡就像缓释安眠药，只有再喝一杯才能解除疗效。咖啡这个词的发明者大概也咖啡因成瘾。

星巴克和它的精品咖啡竞品最初都让我心生厌烦，我甚至不愿为它花上哪怕一美元。咖啡店里每个客人看起来都高傲冷漠，仿佛是在从事多么伟大的精神活动，好像下一秒就能写出一部伟大的作品，而我只是来喝个咖啡。我无法理解浓缩咖啡机看起来竟然有厢式货车那般大小，更不能理解昂贵咖啡漫长的等待时间，咖啡不过是传递咖啡因的媒介。但想不到的是，随着时间流逝，我越来越在乎咖啡的口味。这是咖啡上瘾的第二步：先是靠咖啡因续命，再对口味挑三拣四。好咖啡引诱着我，浓烈、醇厚、柔滑的高档清咖才是最后的胜出者，没有它，我会在生活中迷失。我无法忍受味道寡淡的咖啡，喝蒸馏咖啡简直就是罪犯。

尽管如此，咖啡店漫长的等待依然使我不快，我总想对队伍前面的人大吼，"快点！你只是买杯饮料，又不是填高考志愿"，但还是得乖乖排队。我自认为是咖啡行家，却不得不和那些业余人士（其中也有同僚）一起排队，我是真的渴求美味的咖啡，而他们却只是想要咖啡口味的奶昔。成年人以喝咖啡来掩盖光天化日之下吃冰激凌的尴尬，真是讽刺。"这是星冰乐，我成年了！"

我曾经很瞧不起咖啡店员，他们势利而冷漠，动作缓慢又满不在乎的样子（"这可是高级店"），怎么看都需要摄入点咖啡因。过去我会在心中谩骂他们自以为是，不过现在，我觉得他们的确有自大的资格。无论寒暑，每天第一个向瘾君子们打招呼、递送第一份咖啡因的就是他们，他们为我们付出了无数时间精力，否则世界早该毁灭了。咖啡店员是真正的英雄，是我们的"毒品"贩子，有权做个坏人。谢谢你们，高傲的咖啡店员。

新奥尔良：选择困难症所在

巡回演出能让人了解各地的特色美食。在纳什维尔或奥斯汀，你需要和音乐演出争抢听众；在纽约、拉斯维加斯和芝加哥，你得战胜各式各样的娱乐项目；在加拿大，你绝对不能撞上本地的冰球比赛；在新奥尔良，你则需要与食物们搏斗。新奥尔良有爵士乐，嗜酒成瘾，但喜剧演出真正的对手还是餐厅里的各类食物。许多大城市都有不错的饭店，但新奥尔良更与众不同，你不是在那儿吃饭，而是在暴饮暴食。在新奥收紧胃袋，就像去巴黎却错过埃菲尔铁塔一样荒谬。

每次去新奥尔良演出，我都会患上食物焦虑症，我这并不是在装疯卖傻。我该去哪儿吃、吃什么、吃几顿？有太多问题悬而未决。有谁看过《劫后余生》（Treme）吗？它就是在新奥尔良拍的。新奥是食物的麦加圣地，不仅品类丰富，还永远美味，连街头推车上的热狗都是美食，真是匪夷所思。征求当地吃货的意见后我发现，一个城市的特色美食通常花一天就能吃完，而新奥尔良却不一样，面包、肉类、香料，它们独一无二又饶有趣味，就像那里多元化的居民。在街边就能吃到的食物也极具异国风情。我该吃卡郡（Cajun）菜、克里奥尔（Creole）菜、炸鸡还是油饼？我可以写上整整一页，只要给我时间，写满两页都行。

穷汉三明治（Po'boy Sandwhich）描述的就是那些在新奥尔良打不定主意的可怜人，在那儿找地方吃饭堪比苏菲的抉择。更糟糕的是，这些问题不只在正餐时间出现，而是无时无刻不困扰着我。早饭在宰游客的店吃油炸馅饼，那卡郡松饼配肉汁如何？午饭想吃什锦饭，鸡块肉肠听起来也不错。早饭，早午饭，午饭，点心，晚饭，夜宵，早早饭……我可招架不住，太痛苦了。经常有人伪装成爵士乐爱好者去新奥尔良度美食假，我在大简城[1]通常只待一晚，但那晚我能吃上六顿。这叫我如何是好？如果要记录我的新奥尔良之旅，主演得是梅丽尔·斯特里普[2]才行。

1　大简城，新奥尔良的绰号是"Big Easy"。
2　梅丽尔·斯特里普为电影《苏菲的抉择》（Sophie's Choice）的主演。

因纽特人：连鲸鱼油都吃

我每天早晨六点起床，冥想、做瑜伽、喝蛋白粉、跑六英里，然后思考该说点什么来忽悠你们。事实上，今早我既没做瑜伽也没跑步，我一辈子都不想运动，喝蛋白粉更是最不可能的事。我吃得并不健康，保持健康饮食实在太难，其实我好几次下定决心改一改，但都功亏一篑。我经常在点沙拉的时候说漏嘴，脱口而出要加奶酪的巨无霸，仿佛声带有自动修正功能。我心欲健康，大脑却早就让位给味蕾。我已经放弃追求健康饮食了，我就是垃圾食品界的奥兹医生[1]。我无意批评奥兹，他也许是个好人，但他是不是来自澳大利亚？他的口音怎么回事？

在健康饮食的路上，我经历过几个阶段。首先是只吃沙拉，然后是补偿沙拉吃一个汉堡，最后是终极阶段：意志瓦解。

如果你已经像我一样抵达了终极，一定会为自己辩解："我是赶时间才去麦当劳的，我也不想去，但不去我会饿死的。"选择食物时，你会无休止地与自己辩论，没理也要辩三分："我一个月前吃过沙拉，现在可

1　奥兹医生（Dr. OZ），电视健康节目《奥兹医生秀》（*The Dr. Oz Show*）主持人，美国知名保健医生。

以吃这个；我倒了垃圾，得奖励一下自己；明天开始节食，今天就吃五个汉堡吧。"

在无数贪吃的借口中，最冠冕堂皇的是食物免费。"免费"是我的死穴，我有五个兄弟姐妹，小时候食物总是稀缺品。大学时代也为我对免费的爱添砖加瓦，当时我囊中羞涩，只能吃一份又一份速食派。无论如何，我没法对免费说不，它们可以瓦解我的意志，引诱我背叛节食，与道德感离婚，出轨去寻找美味。

我娶了一个漂亮女人，写这句话不是出于吉妮的监督，我不在她眼皮底下，但不排除她读到这页的可能性。好了，撇开这些，吉妮真的很美，路人发现她是我老婆时常常赞美一片。虽然没有迟钝到毫无感觉，我也是后知后觉才真正意识到其中的侮辱的。无论如何，除了美貌与智慧，吉妮还有很多特别之处，她生了五个健康的孩子，而我看起来像是吃了五个孩子。也许她是基因突变了，想吃就吃但身材完美、精力充沛。吉妮原本立志要让全家都吃得健康，而我却成了她最大的敌人。

吉妮最初只是想吃得健康，后来慢慢演化为吃得有机，现在干脆连像样的食物都不买了。她买的面包是用百分百有机树皮做的，声称绝对比面包健康。吉妮喜欢有机食物，而有机可能是本世纪最大的骗局。看看你们这些搞不懂有机含义的冤大头，有机不过是商家的幌子，意思是"更昂贵"。

有些人只吃有机食物，但大多数人没这笔钱挥霍。现在大多数东西都是有机的，包括被健康化的垃圾食品。炸薯条被炸地瓜代替，味道像糟糕的花园素汉堡；热狗也不怎么健康，所以有人发明了豆腐热狗。我坚信那位发明者在造出假货后才第一次尝到热狗，领悟姗姗来迟。豆腐热狗毁了他的创新之路，他深陷痛苦之中："我为什么要发明那玩意？我得趁早毁了它！"

如今，市面上甚至还有有机糖果、有机饼干、有机薯片，一言以蔽之，有机垃圾食品。这些食品为我的暴食创造了充分的理由："这薯片是用牛油果炸的，可以吃上十袋，它对身体有益。"常规薯条与健康薯条只有包装上的区别，如果脂肪也有好赖之分，那我大概属于好脂肪，至少在照镜子时，我能保留一点可怜的尊严。

吉妮喜欢在农贸市场买菜。农贸市场的狂热是时候降温了，比起从某个伪装农民的"连环杀手"那儿购买脏兮兮的蔬菜，我们大可以去食杂店购物，至少食杂店还在室内。农贸市场的商品可能就是从食杂店买来的，行骗高手可谓诡计多端。

> 骗子："孩子们，你们先去食杂店买些没有洗过的蔬菜，然后在街上以高出十倍的价钱把它们卖了。"
>
> 孩子："这怎么行得通？"
>
> 骗子："只要告诉他们这些都是从农场来的，味道更好就行。"
>
> 孩子："你真是天才！文曲星转世！我们要发财了！"

吃得健康实在成本高昂：是吃十二块钱一份的沙拉，还是选择一毛钱五个的汉堡？餐厅里的健康食物常常价格惊人，这简直就是抢钱！更恼人的是，服务生总以一种介绍珍馐的口气推荐它们，"今晚的正餐是清蒸菠菜佐豆腐，配维他命条。"那我们是不是刷个牙就可以当作吃了份甜品呢？

与阿拉斯加的因纽特人相比，我吃得还算健康。因纽特人吃鲸油，相较而言，肉桂卷都算是节食产品。吃鲸油难道不是在生吞一个胖子吗？我无意冒犯因纽特人及其文化，不过我怀疑爱斯基摩派（Eskimo

Pie）与他们毫无关系。我知道阿拉斯加气候恶劣，但吃鲸油还是挺疯狂的，那可是最肥厚的脂肪本体啊。某位因纽特人站在餐桌前："鲸油最棒了，有谁不喜欢它？在沙拉里拌点鲸油吧，少放点也行。"在因纽特人眼中，或许我们才是异类，是不吃鲸油的可怜人。要是你已经沦落到吃鲸油，那还有什么是不健康的呢？连直接喝猪油都变成了健康的选择。换个角度看，也许鲸油为我们带来了好运。否则阿拉斯加未必能成为美国的领土。遥想当年，加拿大的开拓者们在踏上阿拉斯加的土地时，看到了吃鲸油的因纽特人，"看来老美先我们一步"，他们当时大有可能是这么想的。

有朝一日，或许健康食品店会出售有机鲸油。"这是纯鲸油，对身体很好，对吧？"

水果插花：不如来束肉丸

最近我偶遇了一只苹果，我没有认出它来。"这是什么，镇纸吗？苹果……它怎么不在派上呀？"这的确不值得自豪，但有谁真心喜欢水果呢？我们只是装装样子罢了。对水果的虚假渴望被深埋进我们的文化，亚当和夏娃因为一只苹果被赶出伊甸园。苹果那么有吸引力吗？换作是我，我一定会对伊甸园的那条巨蛇说："苹果？还是包上焦糖、配点蛋糕再给我吧！"

如果你无从选择，水果还可以一试；但要是物产丰富，选择众多，它就没什么吸引力了。人们在看到水果时似乎很激动，那只是因为他们更讨厌蔬菜。吃水果实在麻烦，你得先抠掉产地标签，再仔细清洗。橘子皮值得花时间剥吗？它的内馅又不是巧克力。即便如此，人们还是装出一副喜欢水果的样子，居然还有怪人将摘水果当做娱乐。某个朋友曾兴奋地邀请我去摘苹果，我宁可赴死也不想去。摘苹果还要花钱？"庄园主，我欠你多少来着？我可以无偿工作来抵债，但别把我榨干。"在遇见吉妮之前，我曾经跟一位逼我去摘蓝莓的女士约会过。八月的某天她对我说："我想去摘蓝莓，我们一起怎么样？"不，没门，非法移民对此都敬谢不敏。但事实是，十秒之后我们就在纽约远郊了，实际情况比预料的更糟。摘蓝莓不像摘南瓜，你不能摘完一个就开溜，那苦工永无止境，哪怕连续劳作三小时也只能抱怨："我摘了四个，刚够做麦芬，这儿怎么还没自动化！"不出所料，那次有趣的约会后，我与那位女士分手了，门不当户不对。

上述疯狂之举完全出于我们对水果不真诚的热爱，其实质是一物换一物的劳资关系。依据深层分析，我们其实并不喜欢水果。为什么水果鸡尾酒消失了？很简单，因为它太难喝了。草莓何时名副其实地好吃过？它与美味无关，只是善于公关。"把它浸在巧克力里，没人会发觉它是草莓！"要是哪天哈密瓜从世界上消失了，有人会注意到吗？我们只会继续吃生火腿，也许上帝同样觉得哈密瓜是种累赘。

没人真的喜欢吃水果，所以博物馆里才有那么多水果画。一盆水果摆在桌上，如果你离开几小时甚至几天，当你回来的时候，它还是原封不动。要是把模特换成甜甜圈，你最好一口气画完，上个洗手间的工夫，它们就全不见了。"我的甜甜圈去哪儿了？"你的朋友一定会咕哝着回答："我不知道，有个胖子来过。我得去喝点牛奶，最好再打个盹。"你见过甜甜圈油画吗？忙着吃都来不及！唐恩都乐（Dunkin' Donuts）的LOGO上只有两个字母 D，甜甜圈怎么消失了？很简单，在被画上去之前，它们已经被人吞食入肚，难以抗拒的诱惑。

世纪之交的那几年，送水果逐渐变得和送花一样流行，我真想叫停这种陋习。比起赠送姹紫嫣红却难逃枯萎命运的鲜花，送点漂亮的水果似乎也不错，很多人在贺喜或缅怀逝者时会选择精致的果篮，但我真心觉得这挺不卫生的。切片水果似乎永远都在腐烂的边缘，请允许我为您将要到来的腹泻默哀。那些做切片水果的家伙似乎都穿着睡袍，在工作时边看《观点》（The View）边打喷嚏。说实话，为什么可食插花一定要是水果呢？送我一束肉丸不行吗？

好蔬菜者：寥寥无几

喜欢吃水果的人不多，喜欢吃蔬菜的更是少得可怜。蔬菜的味道实在太恐怖了，偶尔有一种菜味道还不错时，我们总是很惊讶："这甜菜根真好吃，难以置信。"蔬菜的口味完全不值得期待，吃的时候人们毫无真心，仅仅为了营养罢了。回想一下你上次吃蔬菜的时候吧，诚实点，你是不是只是迫于健康需要。"我要吃点胡萝卜"，恭喜你在健康的道路上迈出了一步，但这离主观欲求还远着呢。我也不想当个胖子，但我更不喜欢蔬菜。当然，有孩子在场时，我不得不吃上一点。

家长在孩子面前会违心地宣传蔬菜的益处，希望他们会因缺少生活经验或智商不足而被骗，从而爱上蔬菜。"蔬菜对身体好"是个谎言，它通常与圣诞老人真实存在和成年人能对自己行为负责的误解同时破灭。就算你真的喜欢吃蔬菜，如果把蔬菜上的炸面皮、醋、奶制品、油，以及过量的盐通通去掉，你还想吃吗？如果你反悔了，那我们半斤八两；如果你喜欢吃一大把生萝卜，那你得去医院看看……好吧，我还挺嫉妒的。

通常来说，蔬菜必须经过油炸、浸在醋中、盖上某种奶制品或盐才能唤起人的食欲。但即便费尽心思，味道的改进也相当有限，简直白费力气。专业做烤蔬菜的家伙值得我们鼓掌喝彩，但烤过的蔬菜不仅又湿又软，还浪费了烤架宝贵的空间。就像没人会为了开场乐队去音乐节，蔬菜也最多只能当做配菜：主菜会让人意识不到盘边烧变形的杂草，芦笋只能当做牛排的点缀。没有比油炸土豆更好的配菜了，它和玉米一样，都是假蔬菜。在饱食炸薯条和玉米饼后，你可以心安理得地糊弄老婆："亲爱的，我今天吃了很多蔬菜！"

蔬菜盘

偶尔，未经加工的生蔬菜会被恬不知耻地直接端上桌，呈给莫须有的健康爱好者。派对上常有精心制作（浪费钱）的蔬菜盘，它们的存在总让我吃惊，甚至让我感到伤心：用心切，精心摆，只为了在晚上被扔掉。法语"生菜沙拉"（crudités）的意思大概就是"派对后扔掉的垃圾"。生蔬菜只有一点可取之处：用来蘸鹰嘴豆酱和牧场沙拉酱（ranch dressing）。

蔬菜盘是糟糕派对的代名词。"是谁把这玩意弄上来的？营养学家、彼得兔，还是《体重观察者》的策划团队？"它们只是起个装饰作用，好让一盘子猪肉有些鲜艳的色彩。没人会去吃它们，蜡烛尝起来都比蔬菜好。只有我想吃蜡烛吗？它们闻起来挺香的呀！

盘中的蔬菜楚楚可怜，甚至都没有与其他冷菜抗衡的机会。我对牛油果酱和薯片环绕中的花菜感同身受，我就是海滩上那个杵在身材健美人士旁边的胖子——惨烈的对比。

花菜："我存在的意义是什么？我可比不过曲奇奶油花生

酱！连牧场沙拉酱都帮不上忙！"

人们对牧场沙拉酱真是异常痴迷，它无疑已经被用滥了。如果你控制不住自己，就想把比萨浸入牧场沙拉酱，那你以后可不能投票了，剥夺政治权利终身。牧场沙拉酱也很可怜，它是用黄油牛奶与伤心制成的，在它诞生之前，生蔬菜几乎无人问津。从一开始，人们就知道蔬菜只是地球上的装饰品。

　　农夫："收割完成了，没人吃这些印第安玉米。"
　　农场主："喂奶牛吧。"
　　农夫："它们也不吃。"
　　农场主："铺在门廊的万圣节小南瓜边上，记得提醒我明年别再种了。"

蔬菜的种类

把各种各样的蔬菜列个表，那就是国际不可食物品大会。

球芽甘蓝：上帝一个残酷的玩笑。

灯笼椒：味道特立独行，可以毁掉任何菜肴。绿红黄橙，它多姿多彩，却无法拯救我的失望。绿椒是万恶之首，它可以让最好的牛排变苦，让成年男人哭泣。

萝卜：没人想第二次吃胡萝卜，这无疑证明，有些东西没有味道都能烧伤你的舌头。

西芹：它每年都该送水牛城辣翅一份圣诞礼物。

南瓜：名字已经说明一切，南（难）以下咽。

花菜：尚未涂色的西兰花。

芦笋：它让你的小便闻起来有芦笋的味道，还有什么值得一提的吗？

节瓜：黄瓜丑陋而落魄的表亲（就像葡萄曲奇之于巧克力饼干）。

黄瓜：喝了酒就是腌黄瓜。

腌黄瓜和腌辣椒

入我法眼的绿色蔬菜只有腌黄瓜和腌辣椒。腌黄瓜确实美味，甚至能让你以偏概全爱上所有腌制品。腌制品很伟大，想象一下没有腌黄瓜的古巴三明治，那就是坚硬的猪肉配火腿奶酪，千万别这么做，我承受不了心碎。谁会去点那玩意？……其实我会，但我是个例外。

腌黄瓜可以左右美味，腌辣椒则定义了美味，它是蔬菜进行曲中的铙钹。"这三明治挺好吃的，因为里面有腌辣椒！"超辣食品是在挑战你的味蕾，"它会烫掉鼻毛，毁掉味觉，却能让食物更好吃"。腌辣椒让人欲罢不能，没把图钉丢在床垫上"改善"睡眠质量真是明智之举。

我离不开腌辣椒，深深成瘾，无法抗拒，多半需要加入互助戒辣小组才行。前一天晚上我如饥似渴，次日早晨则深受其苦。这就像某种戒毒循环，而我老是复吸。虽然口说无凭，但约翰尼·卡什[1]在写出那首《火圈》时多半吃了腌辣椒。我宁可忍受过量食用的刺激性后遗症，也不愿吃无聊的蔬菜，我可不是禁欲者。

1　约翰尼·卡什（Johnny Cash），美国音乐家、乡村音乐创作歌手、电视音乐节目主持人，创作和弹奏演唱的歌曲包括乡村、摇滚、蓝调、福音、民间、说唱。《火圈》是其代表作之一，这首歌描述了一段挣扎的禁恋中地狱般的生活。

作为社会的一份子，我们应该禁止人们食用蔬菜。食物专家一定也这么想，他们总是在潜意识里向大众灌输反蔬菜的信息。你还记得那个健康金字塔吗？健康的食物在上面、不该吃的在下面？我不是阴谋论者，但那个金字塔的真正用途应该是给食物打分，蔬菜的得分最低。食物金字塔的秘密设计师应该也恨蔬菜。让我们承认事实吧，比起死亡，人们更恐惧什么？你答对了：吃蔬菜。

吃沙拉：简直活受罪[1]

小时候，我总觉得那些吃沙拉的人活在死亡边缘，要么就是在备战马拉松。他们似乎与快乐绝缘，让人难以理解。众所周知，吃沙拉与幸福生活无关。为什么有人自愿吃生菜？没人会主动靠近它。当侍者问"汉堡配沙拉还是薯条"时，沙拉都不像是一种选择。也许有人会去吃草，但没人是真心实意愿意吃。"我是假装健康，还是享受快乐呢？"

我们都知道沙拉有益健康，即便如此，吃沙拉还是活受罪。吃沙拉当午餐的人宛如烈士，他们主动放弃了快乐，就像那些不慎跌倒后选择牺牲的越狱者，"不要管我，我会连累你们的。"当然，吃沙拉等于有机会吃点绿叶菜，补充纤维素，或模拟《欲望都市》的午餐片场。沙拉从不会给人满足感，它只是健康的代名词，没有死囚犯会把沙拉当做最后的晚餐。要是沙拉对健康有害，它还会有任何吸引力吗？"太糟了，我刚吃了一份沙拉"，这种后悔连存在的可能都没有。

每次吃完一份沙拉后，我觉得自己还是有点收获的，至少我为预防

---

1 原文 Salad Days，青葱岁月，是莎士比亚的《安东尼与克莉奥佩特拉》中第一幕第五场由克莉奥佩特拉说的一句台词，表示"年轻的时候"。

癌症做出了一点贡献。"要是吃一片叶子你就赞助我五美元，我就把这盆草给吃了。"吃沙拉太累了，沙拉从不是我的主菜，这倒不是健康问题，我只是觉得痛苦难耐。"一份这就完了？太失望了！我再也没有奔头了"，就像睡前没有吃饭。我也不是拒沙拉于千里之外，最近我才刚吃过一份沙拉，大概是在 1995 年。嗯，是的，至少我曾经吃过沙拉。牛排旁边的沙拉配菜可以接受：二十磅肉，两片生菜，平衡正正好好。有时我也挺喜欢沙拉，好吧，我只是喜欢沙拉酱和一点点生菜。汉堡里的生菜我都敬谢不敏，没有足够的沙拉酱，叶片就只是一包花园植物。沙拉酱是浇在生菜上的肉汁，它掩盖了官能不足。随着我慢慢长大，我对沙拉酱的偏好也在发生变化。小时候，市面上只有那些异域酱：法国酱、意大利酱、俄国酱，当然还有千岛酱（我至今没有在地图上找到千岛，它可能在南太平洋）。如今我们可以买到数不胜数的沙拉酱，种类足够多，但大多数情况下，我最偏爱蓝纹奶酪酱，它可以使沙拉的健康元素消失殆尽。

不幸的是，沙拉酱也无法拯救沙拉的鸡肋感。我们想方设法简化制作方法，甚至开发出自动沙拉机；麦当劳突然开始卖沙拉杯（没错，杯装沙拉），让食客可以边开车边吃。沙拉爱好者想方设法简化沙拉，食杂店中有事先洗好拌好的生菜袋，浇上沙拉酱即可食用，然而它还是无人问津。一袋袋生菜被遗忘在冰箱冷藏库，然后出现在垃圾场，堆积如山，想到这我就不寒而栗。我们依旧在"挑战"生菜，努力尝试爱上它们，并展示出惊人的毅力。我们加入坚果、干果，甚至棉花糖，只是为了让沙拉偏离本质。"我能多要点奶酪吗？再来点培根，最好加根士力架。等等，能把生菜换成薯条吗？"餐厅费尽周折改善沙拉的口感，他们宣称沙拉不可或缺，但众所周知，它就像火车上用来消磨时间的杂志，纸浆可能都比沙拉美味。"你要在沙拉中加点鲜胡椒吗？"谁分得清新鲜胡椒和陈胡椒啊? "等一下,这不是鲜胡椒,我是在胡椒农场长大的。" 我甚至都尝不出胡椒味,对我来说,那就是用木质魔法棒在沙拉上挥舞几下。

> 我:"……你要干什么?"
> 侍者:"(在沙拉上挥舞胡椒瓶)请享用你的魔法沙拉。"
> 我:"我没有点魔法沙拉啊!"

高级餐厅偶尔会当着你的面制作沙拉,这实在令人尴尬,难不成这是个表演吗? 我们像是在观摩一场糟糕的魔术,还不得不表示礼貌。在侍者搅拌沙拉时,我都不知道该说些什么,但保持沉默又显得很无礼,"你做这行多久了?""木勺子真好看。""拌拌我的沙拉吧!"我就像是某种独裁者,接受邻桌的批判:"那家伙真是个控制狂,居然让别人当着他的面拌沙拉。"

有的餐厅不允许侍者当着客人的面制作沙拉,而是让客人自己 DIY。这简直就是沙拉无人问津的铁证,那些表演者是不得不以这种形式行骗。

> 侍者:"要沙拉吗?"
> 男人:"不不,不用了,谢谢。"
> 侍者:"你可以去沙拉吧。"
> 男人:"吧? 酒吧那种吗? 那儿有娘们吗?"

除了能保证第二天的腹泻,沙拉吧对我毫无意义。总而言之,那儿的菌群密度与儿童游泳池没啥区别。谁想自己做沙拉? 我是来吃饭的,我又不是大厨。

> "那儿是我们的沙拉吧，边上是洗碗吧。"
> "真是完美！"

沙拉吧就像是车库大甩卖场景下的厨房，"把土豆沙拉摆出来，看看它能卖多少钱"。更匪夷所思的是，沙拉吧只提供杯垫大小的盘子，用这么迷你的盘子，多半是为了防止有人过量食用沙拉，这简直天方夜谭。不过总有傻子拿着盛满的小碟离开沙拉吧，像是在清空车库，还不知道吃完可以再加似的。

> "伙计，你其实可以再来的。"
> "他们会把沙拉全拿走的，我可不想被洗劫一空！"

沙拉吧中的确也有一些可吃的食物，但我实在不理解其中的某些东西，比如我一辈子都不会吃的生菜、芹菜和西兰花。还有预先做好的通心粉沙拉，有人会吃那玩意吗？它几乎无人问津，保护罩都在劝我们远离。预拌沙拉上还有坚果、葡萄干之类的辅料，它们其实毫无存在的意义。突然，一堆巧克力布丁闯入我的视野，我超喜欢布丁，但谁会往沙拉里加布丁？这是《恐惧元素》（Fear Factor）真人秀吗？

塔可沙拉

我最喜欢的沙拉是塔可沙拉，我为它沉醉，但它就是个美味的笑话。那玩意以"沙拉"为名简直匪夷所思，沙拉与生菜紧紧相连，而巨无霸里的生菜都比塔可沙拉多，塔可沙拉空有其名。塔可沙拉颠覆了人们惯有的"沙拉对健康有益"的成见，塔可饼都比它健康。它的制作方法也很简单：把八个塔可饼拼成可以吃的碗就行。吃塔可沙拉不用洗碗，但这重要吗？沙拉或许不那么讨人喜欢，但洗碗并不会加深这种厌恶——我不想吃沙拉，是因为我不想洗碗？

　　塔可沙拉碗不仅可食，而且还是油炸的。那里面装着用肉和奶酪做成的"沙拉"，直接吃木制沙拉碗都比这健康。塔可沙拉？冰激凌筒都不叫冰激凌沙拉。塔可碗是我们穷尽了油炸食品的例证，以下是油炸食品大会上的场景。

　　　　主席："伙计们，我们什么都炸。从斯坦餐厅的炸莫扎里拉奶酪到令人快乐的炸糖条，我们甚至还炸了节瓜，虽然不是人人都喜欢它。要是想不出新的东西，我们就只能关闭油炸测试中心了。查理，你想说什么？"
　　　　查理："我们来炸碗怎么样？或者盘子？桌子？椅子？"
　　　　主席："你在开玩笑吗……等一下，油炸椅子？"

　　也许就是查理发明了塔可沙拉，塔可是墨西哥人赐予我们的美妙礼物，但塔可沙拉一定是美国制造，它毫无逻辑。看着那玩意，墨西哥人或许会用西班牙语嘲笑我们。"我打算点个塔可沙拉，食物的构成不言自明。你们有没有培根做的勺子？或者火腿肠做的纸巾？"

假沙拉

　　无论沙拉的配料是什么，我基本都不喜欢，我知道连厨师都不会中意沙拉，因为那里面都是熟食肉片。有些沙拉是用人名（凯撒、科布）或地名（华尔道夫、尼斯）命名的；各种文化都有相应的沙拉，比如希腊沙拉，它基本就是意大利沙拉加上有核橄榄和羊奶酪。到现在我都没有学会吐橄榄壳，这难道不是在啃李子吗？

希腊人做事奇奇怪怪，他们甚至用奶酪点火。沙拉的主要成分是生菜，我却更喜欢假沙拉，比如用四只土豆和一加仑美乃滋酱制成的土豆沙拉。美乃滋可以把任何东西变成沙拉：鸡蛋、金枪鱼、三文鱼沙门氏菌[1]。鱼与美乃滋相性不佳，从冰箱里拿出来十秒，它们就会变质。面对鱼类沙拉，下肚之前你第一句就应该问问："这从冰箱里拿出来多久了？"

无论从哪个角度评判，沙拉都不是什么好东西。你不必理会我的观点，但莎士比亚这位作家兼演员，曾用"salad days"来代称那些踟蹰的新手们。这是沙拉爱好者的完美写照，吟游诗人如是说。

---

1 三文鱼是 salmon，而沙门氏菌则是 salmonella。

全食超市：堪称全贵超市

健康潮流每六个月变换或修订一次。当我还是个小孩子的时候，农家白干酪居然是健康食物。母亲和姐姐常常板着脸宣布，"快把这缸奶酪吃了，多吃奶酪身体健康！"其中的逻辑也许是：想变苗条，就得吃些像是皮下脂肪的东西，"吃掉它，它就会从腿上消失。"奶制品是健康宣传的常客，人们相信其中会有女性所需的特殊营养。它们只对女性友好，因为大多数酸奶广告中明显只有女人。苗条的杰米·李·柯蒂斯[1]眨巴着眼说："姑娘们，我们需要喝酸奶，是不是？"酸奶可能有助于补钙或通便，奇怪的是，在卫生棉广告里，我还见过不少男性呢。

牛奶

牛奶当然是奶制品，在健康潮流中自有地位，然而无论从目的还是结果看，牛奶都是有毒有害的。"别喝牛奶，那是其他动物的奶。"人类

---

1 杰米·李·柯蒂斯（Jamie Lee Curtis），《真实的谎言》（*True Lies*）女主角，体态苗条。

是唯一饮用其他生物乳房奶的动物，也是唯一有互联网的动物。拒绝牛奶的理由多种多样，豆奶是首先被推荐的替代品，但有研究发现豆奶里全是雌激素，如果希望新生儿生殖功能健全，那就别喝豆奶。之后出现的替代品是米奶，那就是一大杯碳水化合物；然后又有了杏仁奶，没错，杏仁可以产奶。最终大家一致同意，最健康的奶是某种欧洲的天然奶，叫做"奶牛的奶"。

面包

健康潮流通常来自别的文化，只要别处的人们苗条养眼又常吃某样东西，那样东西就会开启健康食品的潮流。地中海减肥法就是个很好的例子，它让你变瘦、变黑，并成为厉害的足球运动员。同一种理论让我们相信皮塔饼是健康食品，就是那种面包做的皮夹，"皮塔饼不是面包，它来自中东，所以很健康。奶酪不健康，但放进皮塔饼就没问题，因为中东人都很瘦。"放进皮塔饼，毒品也会被净化。总有人居心叵测地想让面包成为健康食物，发芽谷物面包难道不是从地里挖出来的？健康面包的潮流在无麸质面包中到达顶峰，如今我们都知道了两件事：

（1）我们都对麸质过敏；

（2）麸质是面包好吃的原因。

燕麦棒

健康食物开始流行往往会导致它口碑下降。燕麦棒是健康的，但人们对它的评价普遍是吃起来就像沙砾。燕麦就是"因为难吃，所以有益"的典型代表，科学家甚至从来没有进行过研究，只是尝了一下："它一定对你有好处，吃起来就像鱼缸里的沉泥。"

燕麦与被磨碎的动物牙齿有相同的成分，燕麦棒就是基于这个原理发明的。某个叫鲍勃[1]的健康食品企业家有着如下的经历：

鲍勃："孩子们都喜欢吃糖果棒，我们只要把燕麦做成糖果棒的样子，小朋友就会吃燕麦了。他们会在不知不觉中吃下健康食物，傻瓜们！"

一周后执行主管走进门。

执行主管："鲍勃，孩子们不吃这些燕麦棒。"

鲍勃："好吧，那只能把巧克力片放进去了，那样孩子们就会毫不知情地吃下健康食物，傻瓜们！"

又一周后，执行主管走进门。

执行主管："鲍勃，孩子们把燕麦棒里的巧克力片挖出来吃了，扔掉了燕麦。"

鲍勃："那我们得把巧克力和焦糖裹在燕麦外面，里面塞上牛轧糖，扔掉那些可怕的燕麦！什么事都要我来告诉你吗？"

那个家伙叫做鲍勃·库多斯，每次吃库多斯棒时我就会想，"我还是吃了这一整盒吧，假装自己吃得很健康，我吃得确实超级无敌健康。"

羽衣甘蓝

吃得健康能让你感觉良好，但是我们真正需要的是延长预期寿命。

1　鲍勃（Bob），美国著名燕麦品牌 Kudos Granola Bar 的创始人。

人都想活得长一些，但多长算是长？你和高龄老人交流过吗？年龄特别大的那种。他们脸上仿佛挂着无奈的表情，就像在说："我怎么还活着！我应该再多吃点冰激凌，我为什么要吃羽衣甘蓝啊？"

十年前，没人吃羽衣甘蓝，然后有人（多半是羽衣甘蓝农夫或撒旦）发现它有助于健康，它就这样上市了。现在，羽衣甘蓝的狂潮正席卷着我们，叫它羽衣甘蓝流行病也行。有羽衣甘蓝薯片、羽衣甘蓝奶昔，甚至羽衣甘蓝沙拉。羽衣甘蓝是种超级食物，超级难吃，如果难吃是健康食物的标志，羽衣甘蓝就是最健康的食物了。那玩意吃上去就像杀虫剂，我见过一个杀虫剂的罐子，上面写着"羽衣甘蓝制造"。羽衣甘蓝教的大堂里挂着真言，洗脑似的宣传它的益处。原则上，我不反对健康的东西，跑步无疑对人有益，我却挪不动腿。羽衣甘蓝原本并不是食物，不可食用，为了消化它们，人类的胃经历了漫长的进化。"先用干冰脱水，再用辣椒粉包裹，放在奶昔中，最后深埋进奶昔。"不管怎么加工，它吃起来还是像苦菠菜。也许有人不在乎羽衣甘蓝的益处，比如我，我觉得味道才是最重要的。羽衣甘蓝可能可以治疗癌症，但我宁可选择化疗。我无法融入羽衣甘蓝的潮流，也没法把吃它当成一件值得炫耀的事，而其他人仿佛真的被它打动了。

> 路人甲："我吃了羽衣甘蓝。"
> 我："我才不 care 呢。"

宣称食用羽衣甘蓝有益，就像宣传吃蔬菜有助于 SAT 拿高分，没人想知道这种小道消息，烦人的家伙却嘀咕个不停。我们能不能进化成一种无需羽衣甘蓝的物种啊？数千年前，山顶洞人或许就在抱怨："娃，俺们总有一天不用再去觅野菜吃，会有长金属棒让俺杀死大野兽，俺们就去吃牛排，再也不用当饼干怪兽了[1]。"最近，我参加了一次学校的亲子活动，有位善良的妈妈做了豆子汤，作为免费食品的爱好者，我拿了一碗尝尝味道，情不自禁地赞叹美味。那位豆汤妈妈于是居高临下地显摆："我偷偷在里面放了点羽衣甘蓝。"我礼貌地点头，心里却盘算着怎样把碗摔到她脸上去。这娘们打算用一种寿命不过果蝇长短的植物来打动我？门都没有。

全食超市（Whole Foods）天下

如果健康食品的政治宣传是一场大逃杀，那最后的胜利者一定是全食超市。全食超市甚至销售印有羽衣甘蓝的T恤，它唯一的作用就是用来分辨哪些人话不投机。全食超市的员工都闲得无聊，"我们还能卖点什么给这些蠢货？把那盆植物给我，不是那盆，那是毒草，等一下，我们可以用毒草做牛奶。把边上那盆给我，看着挺健康，就卖五十美元吧！"

如果你是定居大都市的健康食品爱好者，全食超市可以掏空你的钱包，它也叫"全贵超市"，这个昵称鞭辟入里。全食超市应该在出口准备一个垃圾桶，上面贴着"空钱包请入"。"我要买多少东西？两样？先花五百买葡萄，还有十块一个的木质面包，剩下的东西买不起，就靠亚马逊吧。"它就像Costco的商业同伙，只是反其道而行，Costco让你满载而归，全食则让你血本无归。全食超市的账单能让你怀疑自己的理财能力，不幸的是，你只有刚进门时意识是健全的。"这价格贵得也太离谱了……哎，我懒得挪窝了。"你又赢了，全食超市。

---

1 饼干怪兽（Cookie Monster），儿童剧《芝麻街》（Sesame Street）中的角色。

瓶装水：乃至纯之水？

地球的三分之二是由水构成的，至少书本和照片上是这么写的。水就是那些蓝色的来源，我从来没有检查过它们的真身，没准印度洋是由蓝色果冻构成的，谁知道呢？我们可以在这颗行星上得到无数的水，但不是所有的水都可以饮用，不过我也不太明白界定的标准。世界上某些地方极度缺乏水，幸好在美国，大多数水龙头都能直接放出饮用水。话虽如此，美国人依旧在购买瓶装水，反直饮的生产商老是以安全恐吓大众，他们的商品难道不是源于自来水吗？一群法国佬坐在小溪边，一瓶瓶灌满"瓶装水"，"一瓶、两瓶，让-保罗，再递个空瓶。"那个法国人像是假冒的，真奇怪。我们为什么会买瓶装水啊？当时，法国可能有过一个诡异的市场研讨会：

皮埃尔："你猜美国佬有多笨？你甚至可以把水卖给他们。"

吉恩："美国佬是蠢笨的，但也不至于出钱买水吧？"

皮埃尔："他们会的，你只要说这水来自法兰西。他们不是还拿了我们的胖女人[1]吗？"

我们真的上当了，依云（Evian）反过来拼就是"天真"（naive）。第一次听说瓶装水时，我觉得它的概念很可笑。有人在卖瓶子装的水？让我试试……挺好喝的，味道比水更像水……真是好水！有时候，厂家会在瓶身上标注营养成分，我并不是化学家，但水里有什么我还是有数的。把瓶子倒过来后，我们没准会看到一张菜谱："它可以用来做冰块，只要放进冰箱……但是你需要一个冰格，这牌子还有冰格卖。"你的钱就是这样被骗走的。

不知何故，异国之水看着就是有腔调。"挪威水就是比我们的好，他们喝水的历史比我们悠久，他们更懂行。"挪威人对水有特殊的感情，他们还会滑雪呢。

我们需要水，人体的百分之七十是由水组成的，我猜的，我可没时间研究这些。水的确很重要，我们每天要喝成吨的水，确切说是六杯。对水的需求激励着我们不断寻找让它更美味的方式。到处都有调味水，最流行的就是维他命水，那就是成年人的Kool-Aid[2]。"我知道它要三美元一瓶，可它里面有维他命！不用另买维他命，真省钱！"椰子水听起来像是天然的佳得乐，虽然我不知道它与变质的水有什么区别，它大概源于椰子，更受大众欢迎。在牙买加，我曾目睹一个椰子被大卸八块，而我只喝到了一盎司椰子水。一瓶十二盎司的椰子水估计得用掉十二个椰子，对照它难喝的味道，椰子真是可怜。

最近我还喝了"聪明水"[3]，里面有电解质，照理说能够给身体充电，从而让人更聪明。我试过了，亲测有效，我的智商增加了——现在，实际上我只喝自来水。

1　胖女人指自由女神像。
2　Kool-Aid，廉价糖浆饮料。
3　聪明水（Smartwater），Glacéau公司生产。

吃鱼有好处：实在太"鱼蠢"了

我不怎么吃鱼，估计大家都知道这点，鱼实在是太恶心了。走进饭店，看完菜单，"相较于美味的牛排，我更想吃鱼，越肮脏的东西味道越好。"我多希望自己是这样的人啊！多无聊的人才会去饭店点鱼？"弄点恶心的东西来尝尝，我想消耗点钱。"我都无法判断它们是否新鲜，因为闻上去都很腥。"这玩意闻起来像个垃圾桶，把它吃了吧。"鱼也许自己都不喜欢自己，这就是它们整天皱着眉头的原因。"什么怪味道？……是我自己的味道，太腥了，天哪！"

吉妮是个虔诚的天主教徒，所以大斋节[1]的周五我们吃鱼，那是耶稣在十字架上受难的象征。这一传统意义何在？人们也许会有如下对话：

路人甲："我们该如何荣耀耶稣在十字架上所受的苦难？"

路人乙："我们可以斋戒，让自己饥饿。"

---

1 大斋节（Lent），亦称"齐斋节"，自圣灰星期三开始至复活节前的四十天，在此期间进行斋戒和忏悔。圣灰节（Ash Wednesday）指复活节前七周（即前第四十天）。在圣灰节，人们会撒灰于头顶或衣服上，以表明悔改或懊悔。圣灰礼仪日是四旬斋的开始。

路人甲："那太简单了，吃鱼怎么样？"

路人乙："我宁可被钉在十字架上。"

许多人喜欢吃鱼，并且认为吃鱼有益于健康，仿佛有台宣传机器在昼夜不息地宣传。"吃鱼对你有好处，鱼可以治疗癌症，鱼抓住了两个基地组织成员。"然而，这无法改变它闻起来像垃圾味道的事实。鱼类说客热情到让我不敢表达对鱼的厌恶，每当我倾吐心声，就会被当成个文盲，"你不喜欢吃鱼？你该去上夜校了！"

也许没人真的喜欢吃鱼，他们只是不愿承认罢了。偶尔有人会这么说："我喜欢吃鱼，只要没有鱼腥味。"朋友，你们就是不喜欢吃鱼，鱼就该有鱼腥味，它们天性如此！英文单词"fishy"只有负面意思，这是板上钉钉的事。人们在赞赏一道鱼时，多半会说它没什么鱼腥味（not fishy），永远不会有人夸口说，"来，尝尝这个汉堡吧，它一点汉堡味都没有。""Fishy"多半用来形容出状况了。

甲：有什么状况发生吗？（Is something fishy going on here?）

乙：没有没有，一切正常。（No, no. Everything is burger.）

有时我们甚至只能借用其他食物夸赞鱼的美味。"尝尝这条大比目鱼，它和鸡肉差不多。"这一销售技巧无法运用在其他任何食物上，你可不能说牛排有豆腐味。我经常想，既然大比目鱼的口感类似鸡肉，那直接点鸡不是更好？鱼好处多多，但前提是去除腥味，实在多此一举。有人会说，"醋浸炸鱼配上一加仑美乃滋和腌黄瓜酱，太美味了。"

居然还有人喜欢吃整鱼，当我知道饭店还供应连着头的鱼时，我受到了文化冲击。我们难道是野蛮人吗？我总觉得鱼的眼睛在凝视我，"你不介意我看着你进食吧？如果我有眼泪流出，请你也不要多想，你就当是融化的黄油罢了。"喜欢吃鱼头的人也许这样想："我要点条鱼，记得把头留着。帮我个忙，给它起个昵称吧，不要叫鱼头。"

在有些文化中，鱼类是早餐食物。"早上好，来点鱼吧，它们和你的气质很配。"一大早我什么事都不想干，吃鱼可能是我最不想干的事。有次在冰岛演出时我去楼下吃早餐，惊奇地发现桌上排列着一罐鱼油，边上还有十二个小酒盅——他们早餐时"喝鱼"。我实在无法理解这种操作，我才刚睡醒啊！"我能要点加了柚汁的鱼油吗？"面对鱼油，柚子汁一定很高兴："我终于不是这儿最难吃的东西了。"

寿司

我不喜欢吃鱼，但我莫名地喜欢寿司。我的脑回路没什么逻辑，但紫菜应该不是让鱼变得美味的原因……实话实说，其实我只是能忍受寿司罢了，它可算不上正餐。有次吉妮问我有没有吃晚饭，我回答："还没呢，只吃了寿司。"寿司不是正餐，它是乔装打扮的鱼，有时让人避之不及。邪恶的独裁者或许会这样想：

独裁者："从现在起，人们只能吃生鱼。"

群众：（呻吟。）

独裁者："用紫菜包起来。"

群众：（更大声地呻吟。）

独裁者："用长棍子夹着吃！"

群众：（乞求仁慈。）

寿司源自日本，只有日本寿司师做的才是最正宗的寿司。原本人们认为寿司只是日本人的事，寿司就只有日式寿司，但一个红头发的美国南方人改变了这种局面。日本有许多艺术与科技方面的伟大成就，但人们普遍认为寿司是其中最"灿烂"的成果。寿司店的灯光实在太暗，暗到让桌上的寿司看起来都熠熠生辉。

不开玩笑地说，寿司是一种艺术，精致优雅。大师们娴熟地切开鱼肉，放在米饭上，摆在厚木板上，用紫菜包起来，再用小小的萝卜丁装饰一下，然后面带微笑矜持地把成品放在顾客面前。而我连一盒奶酪通心粉都不会做，更不可能成为寿司大师了。我只是无能的吃客，我最喜欢加州卷，因为加州卷里面没有生食，甚至蟹肉棒都是用鸡肉假冒的。加州卷就是寿司中的辅助轮，"我还不会骑自行车，但我想装装样子"。有些寿司我毫无兴趣，比如三文鱼子寿司，紫菜包裹着精华胶囊似的荧光鱼子，冰岛人会爱上它的。看完《海底总动员》（Finding Nemo）的首映式后，你怎么还吃得下三文鱼子呢？那些橙黄色的三文鱼子就像尼莫的父母和兄弟姐妹。

我每次吃完寿司后，都悄悄地保守这个秘密。似乎每个人都迫不及待地分享寿司经历，好像自己完成了什么伟大的探险。"我们刚吃完寿司！""我上周去了寿司店！"人们好像只是到此一游，而不在乎美食。有些人故作姿态地评价寿司的价格，说它们近乎天价。"太奇怪了，肉是生的，价格又贵"，那你们究竟图什么呀？

无论生熟，鱼都十分恐怖。我和我的经理亚历克斯·默里[1]关系不错，他是个反肉食的鱼类爱好者。他觉得自己大概是病了，去做了全身检查，发现血液中汞与其他毒素严重超标，都快把他毒死了。原因何

1　亚历克斯·默里（Alex Murray），制片人。

在？邪恶的鱼是罪魁祸首。之后我带着亚历克斯去吃了顿豪华牛排，这是我治疗鱼类中毒的秘方。当然，为了证明我的正确，这顿饭他来买单。我就像是那些发现红酒是抗氧化剂的酒鬼，吃鱼有好处一说实在太"鱼蠢"了。

你不吃肉？那让我多吃点吧

我喜欢吃动物，听起来很残酷，但事实如此。当然，我不会跑到宠物店问哪种动物最好吃，至少现在学乖了。我曾企图买下动物园，把动物都吃了，然后把孩子们放进笼子里。这是我的教育方针，我可不想吃人……开玩笑啦，别当真。我是个货真价实的肉食者，素食者们拒绝吃动物是因为心怀不忍，而我不吃蔬菜也是同样的原因。素食野蛮人在吃胡萝卜宝宝时，绝对不知羞愧。

我并不是讨厌动物，我喜欢它们。我从不想吃活奶牛，但它一旦被屠宰，放尽血、切成块、丢在烤架上，我的肚子就开始咕咕叫了。我喜欢动物，但更爱吃它们，宠物诚可爱，味道定更佳。食物往往不像动物的本体，这也宽慰了我的心，"火腿三明治不像是猪啊！"当然，肋排是其中例外，吃肋排时你无可掩饰，它们是保护猪或奶牛的肺部的，和烧烤酱很搭。吃肋排时，我就像个山顶洞人。"直接上牙齿真是有点不好意思，但我太需要能量了，我得攒点力气揍你。"肋排是我们的最爱，"我要吃嫩背肋，多买点，把它装在婴儿车里"。如果小牛肉是一道前菜，那主菜就是整只幼仔。杀死动物取肉其实挺让人难过的，动物自杀或罪有应得会好受些，"这火鸡三明治真好吃，那些死鸟打算偷我的车"。

我不想在进食时看见动物的头部，但烤乳猪的餐盘里永远有只猪头，简直催人泪下。有人在猪吃苹果的时候杀了它，可怜的猪[1]可能连一口苹果都没咬下去。

我爱好肉类，但真正对肉类着迷的是素食者。他们不想吃肉，却吃了大量假肉，比如模拟肉口感的碎豆腐、面制品、蔬菜干等等。

> 餐厅中的素食者："肉真叫人反感！（对着侍者）我要一个素汉堡[2]配大豆奶酪和豆腐培根，你能把它做成奶牛的形状吗？"

他们还会鬼鬼祟祟地打探牛排馆。

> 素食者："你最近见过肉吗？我的意思是，虽然我不关心，肉问起过我吗？（唱歌）我丝毫都不想念你……"

无肉的肉食品就像是《非常小特务》（Spy Kids）的片场道具，"特工科特兹，这热狗完全是用豆子做的，吃完保准你腹泻"。

最近有位女侍者问我是不是食素，这让我受宠若惊，感觉自己就像个被酒吧赠送会员卡的古稀老女人。素食者和肉食者可能本质上也没那么大差别，比如有些人经常吃肉而有些人经常犯错，当然，我只是在开玩笑。素食者热爱动物，我们都能理解其原由，但某些肉食者总是拿这

---

1 美式烤猪经常在猪嘴里塞只苹果。
2 原文为 Gardenburger，素汉堡饼生产商；有些其他品牌的素汉堡饼，商品名也叫花园汉堡（Garden Hamburger）。

说事。素食者不吃肉与我何干？"你不吃？那让我多吃点！"虽然我吃肉天性难移，但我发现社会越来越接受素食主义了，他们才是真正的赢家。最近，我九岁的女儿宣称自己要当个素食者，如果我如法炮制，我的父亲一定会说："（咳嗽）我儿子可不是娘炮，做个男子汉，好好吃肉。"

素食更健康这毋庸置疑，在不久的将来，世界上会有一半人成为素食者，而另一半则快乐地沉湎于肉类。面对素食者的游说，我从不动摇。"我已经五年没吃肉了。""我一个月没吃香蕉，但我从不吹嘘，因为我一视同仁。"素食者阻止别人吃麦乐鸡的说辞令我震惊："你知道他们对鸡做了什么吗？""不知道，但它们很好吃。你能帮我拿到方子就太好了。"

话虽如此，面对肉类，我也有所顾虑。我只吃生前吃素的动物，狮子、蟒蛇或霸王龙非常不健康，而且它们对其他动物太过残暴，让我良心不安。如此说来我也不是一无是处。美国人也有不吃的动物，比如说狗。但狗狗们或许压根意识不到它们永远也不会成为人类餐桌上的食物，所以它们心存危机感，向人类表示友好，亲亲人类，所以人类就不想吃它们了。

我们大量消耗掉各种各样的肉类，于是我们找到各种饲养加工方法：有机、放养、草饲、腌制、烟熏，还有罐装。每个人都有自己中意的肉类：有机肉是肉中之最，那些奶牛像做过瑜伽；意大利生火腿适合喜欢用牙线的人；禽肉则是鸟类的代称，偶尔我也吃鸡和火鸡，但我不把它们当做真正的肉类。这种偏见事出有因，火鸡是常见肉的非官方替代品，"火鸡，麻烦你充当一下牛肉丸"。奶牛简直欲哭无泪。有些餐厅简直对鸭子着迷，它们在菜单上随处可见。"我只点鸭肉，除非你们有火烈鸟或衔着橄榄枝的鸽子备选。"鸭子太可爱了，让我下不了口，吃鸡倒是可以接受，也许是因为鸡不怎么可爱吧。

爱他，就请他吃牛排吧

　　小时候我并不明白父亲对牛排的爱。八岁时父亲曾隆重地向全家宣布："我们今天晚上吃牛排！"仿佛亚伯拉罕·林肯要来做客似的。我们兄弟姐妹们假装激动，像是在看喜欢的电视节目一样激动。我还记得自己当时的想法：多大的事儿呀，还是吃麦当劳好。父亲对牛排有种奇怪的感情，牛排之于他就像糖果之于小孩子。不管什么天气，父亲都会让某个兄弟点燃液化气，累得死去活来，而他跋涉于后院与屋子之间，热情高涨地搭起工作台，一根接一根地抽着超醇 Merit 烟，喝着尊尼获加黑标威士忌，孤独地沉浸在印第安纳西北角的黑暗中。他盯着火焰，仿佛火中蕴含着生命奥义的古代神谕。

　　站着烧烤给父亲带来了纯粹的欢愉，而我则十分好奇牛排的制作过程。也许是因为黑灯瞎火，或者威士忌的缘故，父亲的牛排总是烧焦，并且粘着香烟灰。他喜欢当着全家，在餐桌上评论黑黑的肉："你喜欢全熟的，是不是？"我和我的兄弟姐妹们不得不再一次保持礼貌，以善意的谎言满足他："真好吃，爸爸，谢谢你。"渐渐地，我喜欢上了 A.1. 牛排酱与烟灰混合的味道，父亲烤牛排时，A.1. 酱永不缺席。每人似乎都有一瓶 A. 1. 酱，它看上去瓶中空空，却总能淹没牛排，仿佛永不枯竭。我想现在大多数 A. 1. 酱的瓶子还是 1989 年那款，有一次我看了眼瓶底，果不其然，这真是一款生命力超长的神奇魔法瓶。

到了青少年时代，我终于理解了牛排的独一无二之处，虽然我更想吃麦当劳，但牛排无疑有着更深的意义。作为伊利诺州斯普林菲尔德一个假牙制作者的儿子，在上世纪 40 年代，牛排是父亲成长过程中难得吃到的一样东西。牛排是父亲衡量成功的标准，苦日子到头了，孩子们终于吃得起焦牛肉了。母亲过世后，二十多岁的我有时会回乡看他，他总是叫我一起吃在烤架上烧过头的烟灰牛排。多年后我意识到，母亲百年后，父亲几乎每晚都在吃牛排，也许是因为失去了母亲的提醒。父亲日复一日年复一年地吃着，现在想来，他就是个天才。

现在牛排对我就是那么重要，我说不出理由，青少年时我实在低估了它。父亲并不是为了摆脱穷困家庭的记忆或证明富有而烤牛排的，他将吃牛排视作人类在星球上的短暂人生中，美妙而愉悦的经历，这可能是我在成长过程中学会的最有价值的东西。牛排就是那么迷人又美味，第一个被派去盯梢[1]的便衣侦探一定很失望："整夜坐在车里，怎么连牛排都没有！甚至面包都没！"

我为自己继承了父亲对牛排的爱而欣慰，在我的故乡中西部，所有男人好像都热爱三样东西：修东西、汽车、牛排。我也发现，真正的男子汉确实都喜欢这三样东西，我至少喜欢了其中一样。如果吃牛排是男子汉的表现，我的男子气概就只能靠它证明了。我没有巧手，修不了东西，每次公寓里有什么坏了，我只能对老婆羞怯地说："我们该打电话找个人来帮忙。"甚至电话都是我老婆打的，我几乎用不来它。每当修理

1　盯梢英语为 stake out，牛排英语为 steak，与 stake 发音相同。

工上门，我静静地看着他工作，陷入沉默："你要吃点布朗尼吗？我老婆会做，其实我也行，但我不知道怎么打开烤箱。"我试图转移注意力，假装自己会的东西更高级，"我是个技术型人才，我很擅长计算机，比如查看电子邮件。"

按照这个标准，我的确没那么男子汉，也不知道为什么，我身边人都是纯爷们。我的父亲和兄弟们都热爱汽车，他们聊车，去看车展，甚至在停车场看别人的车，真男人。我对汽车几乎没有想法，我也不觉得卡车比轿车更男人。最有男人味的交通工具当然是皮卡，我的兄弟迈克就有一辆，他觉得自己是个男人。他常常发出有力量的低吼，"我的车可以拖一吨！两吨！甚至可以拖航空母舰！"但它平时会发挥这样的作用吗？我只见过人们开着皮卡去 Cracker Barrel[1]。迈克跟大多数皮卡主人一样，从没用它拖过东西，这跟拖着个空行李箱走来走去有什么区别。"你要去哪儿旅行吗？""我就喜欢这样。"真是难以理解。我没有皮卡，甚至连车都没有。每次从芝加哥租车去印第安纳看望另一个痴迷汽车的兄弟米奇，我们经常这么聊天：

> 米奇："你租了辆什么车？"
>
> 我："大概是蓝色的。"
>
> 米奇："四缸还是六缸的？"
>
> 我："（停顿）它有四个轮子。等一下，你说的不是轮子吧？"

然而，我可是牛排的行家。如果牛排是男子汉的标志，那我就是个

1　南方风格主题餐厅。

十足的男人，爷们指数超标。我太爱牛排了，我觉得哪个男人可交我就请他吃牛排，这是不会错的真理。"你这人不错，我打算请你吃牛排。"吃牛排可以增加男人彼此之间的信任，"我们只吃牛排，不谈家庭。"最近，我和好友汤姆进行了两周的巡回演出，回家后吉妮问我汤姆怎么样，我一无所知。我每天只有十二个小时和他在一起，我只知道他喜欢五分熟的肉眼牛排，仅此而已。

我从"奥马哈牛排"[1]订牛排。我在网络订货，虽然网购有不少后患，但我不想让购物占用太多我享受食物的时间。订货非常简单，就像在亚马逊上购物，下单几天后，一个泡沫塑料冷冻盒就送来了，它和运输移植心脏的盒子一模一样。奥马哈会贴心地提供干冰，方便我做个炸弹什么的。偶尔，当我拖着奥马哈的泡沫箱路过走廊时，会跟邻居眼神相撞，他可能会跟老婆嘀咕："吉姆今天又拿了一盒肉，过几天我们又可以去他家吃肉了。"唯一的问题是，只要你下过一次单，你就永远摆脱不了奥马哈，它们就像耶和华见证人，电话老是打个不停。

接线员："你还要再订些牛排吗？"

我："我昨天刚收到快递。"

接线员："来点肉眼怎么样？"

我："我不需要牛排了，谢谢你。"

接线员："来些菲力怎么样？你要菲力吗？"

我："真的，我吃够牛排了。"

接线员："好的，那我明天再打。"

我："行。"

---

1 奥马哈牛排（Omaha Steaks），内布拉斯加州的 Omaha 牛排公司，非常著名。

接线员："等等，你要点火鸡吗？或者火腿？"

我："你不是卖牛排的吗？"

接线员："你要点石膏板吗？"

我："你说啥？"

接线员："我就在你窗外，我太难了。"

有很多原因让我不能成为素食者，但最重要的是牛排。当然，培根、德国烤肠和五香熏牛肉都很诱人，但牛排才是肉食动物的灵魂，它就是优质肉类的化身。我热爱肉类，牛排就是我的晚礼服。海陆大餐是多数菜单上最贵的菜，他们蒙谁呢？比起龙虾，牛排才是头牌。点"牛排配龙虾"的人远远多过"龙虾配牛排"，谁要吃龙虾，单独下单就行。龙虾诚可贵，牛排价更高。牛排有专属的刀具，有专属的扒房（其他食物可没有这种待遇），那儿有与牛排相配的好环境，仿佛梦回那个羽衣甘蓝还是你后院杂草的时代。所有的扒房都灯光暗淡，像是被黑暗所笼罩，室内装饰用的总是红色皮革，好像悬挂尸体的柜子就在五英尺之外。扒房的侍者都是言简意赅的专家，态度生硬。

侍者："（深沉，沙哑的声音）欢迎光临，单刀直入吧，你要牛排吗？我们这儿只有肉。"

我："当然，先生。"

在布鲁克林的 Peter Luger's，侍者甚至不让你点单，"所有人都吃 T 骨牛排"，你说了不算。就像 Smith & Wollensky[1]，有些扒房会向你展示

---

1 著名高档牛排店，由 T. G. I Friday 的创始人建立。

生肉，侍者会从一辆摆放着不同部位的牛排推车上拿起肉，扔在桌上简单粗暴地推销。男人们都是视觉动物，他们指着带有脂肪的鲜肉嘟囔着下单，一切都是那么原始。有些餐厅，非牛排类的昂贵食物总有些花哨的修饰词，"弹度""熟成""火炙"，而山顶洞人都能理解牛排的做法，"三成""五成""七成"，会张嘴就行。

当然，扒房也供应蔬菜，但他们管那玩意叫配菜，配合牛排而存在。配菜是牛排的随从，你可以享用它们，也可以不屑一顾。配菜不含在牛排里，需要在扒房单独下单，就像"精神航空"[1] 上需要额外付费的餐巾纸。它们也不享有"蔬菜"这个称呼，因为那个词名不副实。

生硬的侍者："我们有冰激凌炖菠菜、加了点芋头的棉花糖，特选是夹了五条黄油的烤土豆，还有减肥土豆，只塞了四条黄油。"

扒房是男子气概的代名词，体育明星开扒房也就没什么稀奇了。我去过 Ditka's，Elway's 和 Shula's，它们都提供上等牛排，只是橄榄球联盟的体育明星们从不亲自下厨。"你球技高超，怎么不开一家肉食餐厅？这两者之间没有冲突，也没有关联。"橄榄球和牛排只有受众相同——它们都针对纯爷们，我就是其中之一。

我对扒房是真爱，等我过世之后，我甚至想葬在扒房里，也不是落葬，就是在那儿展示棺材。人们可以走进来，吃着牛排，盯着躺尸的我："吉姆死得太早了，这牛排的熟成真是完美！"扒房中的食客并不会在意我的棺材，人们是为牛排而来。

---

1 精神航空，原文为 Spirit Airline，美国廉价航空。

食客："为什么房间正中有具棺材？"

侍者："那是演单口喜剧的吉姆·加菲根，他的唯一遗愿是……"

食客："我要肉眼牛排加烤土豆，能要些蓝纹奶酪放在边上吗？"

侍者："我这就去拿，加菲根太太。"

我爱吃牛排，但这行为其实挺野蛮的，我们可是在吃奶牛的后半生。吃牛排最终会成为社会无法接受的现象，两百年后，也许会发生如下对话：

路人甲："你知道吗？ 2020 年[1]，人类会坐在点蜡烛的黑屋子里吃切片奶牛。"

路人乙："那不是我的祖先，我的祖先在下五月花号后就吃素了，我是从列祖列宗 .com 上看来的。"

1　原文为本书写作时间 2014 年，中文版编辑时改为 2020 年。

神户牛肉：人类堕落之肉

日本人是进化得更高级的人类，你用过日本马桶吗？（抱歉在食物书中提到便器）他们知道厕纸腐朽、陈旧、原始，是世界上最肮脏的东西，而日本人升级到如厕都不需要厕纸了。日本马桶让你离开洗手间时比进去前都干净，简直太伟大了。对于牛肉，他们同样尽心尽力，这实在精神可嘉，因为牛排都用不着改良了。吃一片神户牛肉，就像周末多出了一天。

神户牛肉产自喝啤酒的奶牛，人们还用清酒给它们按摩。我都想成为它们的一员，请问哪里可以报名？啤酒加按摩，它们一定活得很幸福，我听说过工厂化农场，这就是温泉化的农场啊！奶牛们用黄瓜片敷着眼，指点着按摩师："下面一点，再下面一点，那里最酸了。"这些奶牛并不知道自己排队等死的命运，它们迷失在欢愉里。"它还能再喝一杯……日本人真喜欢设计，这清酒瓶怎么和斧子一样……头颈这里轻一点！"这也许是比较人道的屠宰，奶牛们喝得太醉，对生死已经失去了概念。

我们实际上在吃一头醉牛，然而这并不影响它们的口味，我打算给鸡灌麦芽威士忌，在猪槽里倒上香槟。神户牛肉简直是人类堕落的证明，我们已经不满足于自己生活方式的奢华，还要食用一种生活方式奢华的动物。神户牛肉上桌时，我们会这样与侍者对话："这头牛上过私立学校吗？我只吃贵族学校出来的牛。（边吃边点头）它合格了，我吃得出来，你们这里卖不卖有游艇的牛？"我很想知道是谁发明了神户牛肉。

烤肉者："你喜欢牛排吗？"

吃肉者："（咀嚼中）这是我吃过的最好的牛排，太棒了。"

烤肉者："你知道吗，我喂了这头牛一点啤酒。"

吃肉者："（咀嚼中）你灌醉了这头牛？你厉害！"

烤肉者："我还替它按摩呢！"

吃肉者："（停止了咀嚼）什么？为啥要给一只喝醉的动物按摩？"

烤肉者："它喜欢这样。"

吃肉者："我不饿了，你是变态吧？"

无论如何，美味的神户牛肉就这样诞生了。第一次吃到它时，我甚至产生了按摩蔬菜的冲动，我也忽然明白了为什么神户牛肉价若黄金。所有好东西都是照盎司来卖的，享乐得付出代价。将来，社会将出台某种新法规，点单神户牛肉需要事前信用调查证明，而且万一它掉在地上、被水溅到，你会后悔没有为它购买保险。假冒伪劣的神户牛肉——和牛——易于入手。它和神户牛肉没什么差别，只是产地不同，但就像不产于香槟区的香槟空有其名，神户牛肉也是如此。和牛在牛肉界的地位相当于酒界的起泡酒，作为牛排行家，在我看来，这二者间极其微妙的区别是……谁 care 啊？它们都是上等佳肴。为了牛排和厕所，我必须感谢日本，日本人，你们治得好我的谢顶吗？

博洛尼亚肉肠：肉类歧视链末端

在肉类的歧视链上，顶端是牛排，而末端就是博洛尼亚肉肠，其他肉制品均在两者之间。牛排与博洛尼亚肉肠就是状元和孙山，牛排如此优秀，而博洛尼亚乏善可陈，如果前者是肉中的燕尾服，后者就是沾满油污的"买就送"文化衫。这个比喻也许不太恰当，但博洛尼亚肉肠的确一无是处。我甚至不知道它来自何方，它是一种熟食，但它到底是用什么做的呢？火腿与培根源于猪类，汉堡是牛肉的，鸡与火鸡顾名思义，但没人知道博洛尼亚肉肠来自哪个或哪些动物。有时，肉肠上会有"牛肉博洛尼亚肠"的字样，但只要凑得够近，你就能看到"肠"字右边超级小的问号。它也许只是某根巨大火腿肠的一部分。

博洛尼亚肉肠（Bologna）的读法也很奇怪，它到底怎么读啊？

路人甲："这个词怎么读？"

路人乙："博洛尼！"

路人甲："不知道你有没有注意到，这个词里有 g。"

路人乙："不管了，我就读博洛尼！"

路人甲："可这个词以 a 结尾啊？"

路人乙："我就叫它博洛尼，它的发音怎么和殖民地（colonel）那么像啊？"

不管发音或原材料从何而来，博洛尼亚肉肠都不是什么好东西。"那儿有一堆博洛尼亚垃圾""你像肉肠一样笨"。博洛尼亚是骗子的同义词，"我真心喜欢吃博洛尼亚肉肠"，一听就是谎言。也许是肉肠在代替你说话，你想想，它的拼法和读音毫无关联。

童年时，我的午饭总少不了博洛尼亚肉肠（比如番茄酱肉肠三明治），这足以证明我中下层白人的出身，以及父母对饮食的粗枝大叶。"吉姆，你午饭想吃什么？肉肠还是老鼠药？"每当在食杂店看到博洛尼亚肉肠时，我都惊讶于它的生命力，我以为只有 70 年代的幼儿或囚犯才吃那玩意儿。博洛尼亚肉肠难道没有和反式脂肪、超大罐软饮一起被食安局禁掉吗？

与原型相比，加了橄榄的博洛尼亚肉肠更讨厌。它的意义何在啊？

侍者："你想怎么料理博洛尼亚肉肠？"

男人："肉肠配马爹利酒吧，再加个橄榄。"

侍者："明白，越乱七八糟越好？"

男人："就是这样。"

博洛尼亚肉肠大概只比午餐肉棋高半着，因为午餐肉压根就不是肉类。

培根：肉中糖果

如果我是这本书的读者，多半会直接跳到这一章。培根就是培根，它让人快乐，如果你对一个陌生人说"培根"，他多半会朝你微笑："好的，请给我来一份。"人人都爱培根，但在我心中，它有着特殊的地位。我对培根的爱远远超乎常人，哪怕看着某个精神病发给我的培根照片，我都会像欣赏可爱新生儿那样情不自禁地尖叫。培根是肉类中的糖果，它甚至不再是单纯的食物，而升格为财富的隐喻。"带培根回家"（bring home the bacon）是养家糊口的意思，而我带培根回家时，就只是为了吃培根。培根就是吸引力，谁要看凯文·豆腐主演的电影呀？

> 路人甲："和我一起去看电影吗？"
>
> 路人乙："谁演的？"
>
> 路人甲："凯文·培根[1]。"
>
> 路人乙："听上去不错。"

1　凯文·培根（Kevin Bacon），美国著名演员与音乐人。

好处

　　培根的好处数不胜数，它能愉快你的身和心——你的味蕾、你的快乐神经。煎培根的滋滋声像是喝彩，而烧熟后香脆的咀嚼声则是油脂的欢呼。培根的香味有时能引诱素主义者放弃信仰，它完美到能当做其他食物的提味剂。如果没有培根，我们多半不知道荸荠或无花果是什么味道，培根碎就是食物界的仙尘，为一堆不受欢迎的餐食增添魔法的光芒。

> 男人："我不想吃烤土豆。"
>
> 培根仙女：（把培根撒到烤土豆上。）
>
> 男人："我最爱烤土豆了，谢谢你，培根仙女。"
>
> 女人："我不想吃沙拉。"
>
> 培根仙女：（把培根撒到烤沙拉中，念咒语。）
>
> 女人："沙拉变好吃了！谢谢你，培根仙女。"

　　当然，培根一旦放到沙拉中，就会抢尽蔬菜的风头。你会在生菜中淘金似的疯狂寻找培根，"找到一块，天助我也！"培根有种特殊的魔力，如果把培根碎撒到整片培根上，你就能通过魔法回到过去。不过我单吃培根就能穿越时光了，一块块培根连成了我的时间轴，带我开启时光之旅。

料理培根

培根的出身很是平凡，一包生培根看起来毫无吸引力，拆包裹时也不会让你感到心动。生培根看起来像是某种毒物，斑马条纹般的肥肉并不美观，这是大家的普遍印象。"如果生吃，我一定会腹泻！"料理培根的方法只有两种，要么煎熟，要么死于毛线虫病。令人伤感的是，培根烧熟就会缩水，一磅肉会变成一根书签。收缩率是烹饪培根时急需解决的问题，培根永远都吃不够。

培根从不会让我餍足，可惜传统美式早餐中的培根是限额配给的，"这是你的两片"。太残酷了，多给点行吗？自助式早餐中经常有一个金属槽，里面堆着四千多片培根（我真的数过），取餐的食客在槽前不断徘徊，仿佛多徘徊一会儿就能发现培根的终级起源。人们恨不得头上出现一道彩虹，让人灵感大爆发，惊呼一声："我找到了，我找到培根的起源了。"不管怎样，人们还是不断地在此处徘徊，思量着拿走多少才不显得丢脸。培根槽通常在餐吧的最里面，厨师很狡猾，想把培根放在眼皮子底下监督。它会让你对盘中的其他食物心生悔意，"我怎么放了这么多不值钱的水果？要是早知道……培根，我只需要你！"

培根的种类

培根就是美国版的五花肉。出国之前，我都不知道除了常见的培根和加拿大培根，它还有其他亲戚。

加拿大培根

"加拿大培根"这个词总是令我迷惑，培根固然好，但谁可以点醒加拿大人，他们的培根就是圆火腿啊！加拿大培根是侧切的猪肉，本地人叫它"背肉"，而真正的片状培根则是"美国培根"。英国培根是美国与加拿大的混血儿，它其实也不是培根，英国人为所有重要的东西起了不同的名字，比如他们的饼干（cookie）叫别司忌（biscuit）。

肥膘

肥膘就是类固醇做的培根，我从来没吃过肥膘，因为名字太吓人了。光这两个字就令人不适，它就不该做成食品。"这是块味道不错的带毛肥膘，对了，你叔叔刚才打了电话。"

火鸡培根

为了健康考虑，我们发明了可怕的培根替代品。最流行的假培根是火鸡培根，和航空餐一样难吃。火鸡培根是个大胆的实验，但它失败了，然后成为生活中百分之七十的失望之源。我只吃传统的美国培根，它是我的救命恩人。

照我老婆的话说，人不能整天都吃培根，她无疑对我保护过度了。听说每吃一片培根就要折寿九分钟，那我早在1984年就仙逝了，相比之下，甜甜圈似乎都健康一点。培根唯一的缺点是吃了之后口干，只有吃更多才能缓解。它对大脑的作用类似于可卡因，过载的兴奋中枢需要不断增加的剂量维持。不过这些说法吓不到我，培根的坏处尽人皆知，一片培根就能让你胆固醇指数超标，其中的脂肪好像要花十年才能消化完似的。培根是医学的反义词，如果我噎死于培根，那我死得其所。培根之害已经延续上千年，在某些宗教中，吃培根是一种禁忌。

路人甲："我们宗教的加入条件是：不杀生，不欺骗老婆，不吃培根。"

路人乙："最后一条是啥？"

路人甲："不吃培根。"

路人乙："我排错队了，请问有没有培根教啊？"

关于培根的坏消息层出不穷，但价格还一路飙升，有研究还发现它会降低精子数量，我觉得这项研究比研究癌症更浪费时间和金钱。培根和精子的联系与我何干？不过我很乐意出席这项研究的审批仪式。

研究员："我打算研究培根对不孕不育的影响，也就是用培根避孕的可能性。"

委员会成员："（殴打研究员）你的科学素养去哪儿了？"

我每天消耗大量的培根，还有幸拥有五个孩子；如果没吃那么多培根，我大概得有三十个孩子，并且精尽人亡了。培根救了我的命，禽流感暴发也许就是因为缺乏培根抗体。

我们只在上午吃培根，因为半梦半醒间，也就顾不得考虑亚硝酸盐了。过了上午，培根便无迹可寻，它甚至成了禁语，"培根——不可提及之人"。培根三明治独有暗语，点培根三明治的时候你不能简单粗暴地直陈，而是得装傻充愣地点 BLT[1]，"BLT 里有培根吗，我只喜欢生菜和番茄。"你就像那些未成年儿童，用一大箱口香糖来分散营业员集中在酒精上的注意力，"嚼口香糖时我总得喝点什么"。俱乐部三明治中的"俱乐部"（club），就属于那些其实想用培根配火鸡的家伙们。

培根从猪身上来，猪是种迷人的动物。如果你喂猪吃苹果，消化后

1　BLT，培根生菜番茄三明治。

它就会转化成培根。猪把原本淡而无味的水果（也就是垃圾），转化成了男人眼中最美味的食物，它简直是有史以来最成功的垃圾处理器。似乎猪比史蒂夫·乔布斯都伟大，培根、火腿、大排都来自它。我们再怎么夸赞猪都不为过，把某人称为猪应该成为一句恭维的话。

"你这头猪。"

"谢谢你，我会努力的。"

其实我们应该把猪看做"男人的最佳拍档"。我也喜欢狗，但猪才是最好的伴侣动物，它们去世后，你还能开个烧烤会。"听说你的猪过世了，我非常遗憾。那烤猪大会什么时候举行？"

爸爸时间: 腌熏牛肉游戏会

阅读至此, 欣赏完我日常的一言一行, 你多半会好奇我到底有没有关心照顾过我那五个孩子。在写这本书时, 我的孩子们分别是九岁、八岁、四岁、两岁和一岁, 我得记住他们的名字了。作为五个孩子的父亲, 我责任重大。我也曾试着平均分配时间, 多点精力给孩子们, 然而让我媳妇懊恼的是: 我只负责给他们喂食。

在"爸爸时间"里, 我最喜欢带孩子们去卡茨熟食店[1], 跟他们分享腌熏牛肉三明治。卡茨是家正宗的纽约犹太熟食店, 店面是怀旧风格, 点餐过程也在戏仿工业革命前的官僚主义风。卡茨的管理系统过于混乱, 进店时每个成人会拿到一张票据, 你必须时刻把它举在高处显眼的地方, 店员才能一一记下你点的餐食, 才能顺利完成点单, 离店时还得靠它结账。如果你把票子弄丢了, 店员就会杀了你。我猜的, 我并不想以身试法。卡茨不是享受服务的地方, 那里的店员也不算粗鲁, 但你得自力更生。它们有《码头风云》(On the Waterfront) 似的饮水机, 边上

1　卡茨熟食店 (Katz's Delicatessen), 是一家 1888 年开到现在的著名熟食店, 如今已经变成纽约一景。

堆着老式水杯，百分百自助。在卡茨，我专攻腌熏牛肉（pastrami）。拿到腌熏牛肉的号码单后，你就可以去旁边点三明治了，等餐时会有小盘装的肉试吃，盘子放在临时的纸质小费罐旁边，我一直怀疑它并不免费。你的三明治放在学校食堂的老式餐盘中，票子上做着记号，方便你接下来去拿薯条、热狗、饮料，还有可内什[1]，那玩意就是土豆馅的油炸面团，碳水化合物炸弹。最后，你可以给自己找张空桌，开始享受怪物三明治。这不仅是在买熟食，更是在享受一种人生经历。

    我非常乐意与孩子们分享卡茨的腌熏牛肉三明治，也许是因为他们胃口小，"吃不下？让爸爸帮你。"我跟每个孩子都有一张和巨大三明治配大盘酸黄瓜的合影。我跟儿子杰克曾经一起去卡茨，然后店家将合影贴上了墙，无论何时造访，我们都能看到那张通缉令似的照片，整个社区都知道我给五岁孩子喂烟熏肉了。然而孩子们喜欢卡茨的三明治，马尔在六岁时问我："既然有猫猫[2]熟食店，那也有狗狗熟食店吧？"胡吃海喝后，我还会主动回家陪他们打个盹。从卡茨回来后，你其实也干不了什么事，只能通过打盹帮吉妮照顾孩子。我觉得她朝我翻的白眼，就是她表达的谢意。

---

1 可内什（Knish），犹太传统馅饼。
2 Katz's 发音与 cats 相同。

鲁本三明治起源：从盐腌牛肉说起

    2014 年 3 月以前，我从来没有吃过鲁本三明治；现在，我必须愧而承认它的美味。在宾州的伊利，有人厚颜无耻地告诉我 McGarrey's Oakwood 的鲁本三明治是宇宙美味，我挺看不起这种夸张描述的。宇宙美味？这是天行者卢克在塔图因[1]吃的东西吗？对鲁本三明治，我一直持保留态度，我是美国爱尔兰人，对盐腌牛肉[2]可没什么好感。然而作为无畏的研究者，我鼓起了勇气。从前，我始终认为用"鲁本"代称盐腌牛肉是骗人消费的幌子。之前每个圣帕特里克节，我的母亲都会为全家制作盐腌牛肉和甘蓝，那玩意能让我花大半天质疑爱尔兰先祖的品味。他们的脑子是有多不清醒，居然吃得下油腻无味的甘蓝和更难吃的盐腌牛肉。盐腌牛肉既不咸也没有牛肉味，只是一团油腻甘蓝似的嚼不动的红色肉团。直到 2014 年，我才明白那么难吃的盐腌牛肉是我娘的特产。对不起母亲，是你的错，盐腌牛肉是冤枉的！

    谣传鲁本三明治起源于内布拉斯加的奥马哈，这说法挺有道理，奥

1　塔图因（Tatooine），《星球大战》中的星球，沙漠特质。
2　盐腌牛肉（Corned beef），一般切成极薄的薄片，堆叠后是做鲁本三明治的主料。

马哈的牛肉简直一绝（还记得我对奥马哈牛排的热情吗？）。这种假说曾经让我害怕，毕竟我都不知道盐腌牛肉是真的牛肉制品，我可不是个聪明人。不管鲁本是谁，这个三明治幸运地诞生于他的手。我绝对无法完成这种创举，让我们来看看鲁本的构成：

盐腌牛肉：难吃。

德国酸菜：难吃。

瑞士奶酪：难吃。

俄罗斯酱：不是我的菜。

裸麦面包：排不上号。

鲁本三明治：太好吃了。

显然，鲁本把一堆垃圾变成了佳肴，他可能只是想清理下冰箱。1920 年 3 月下旬，内布拉斯加的奥马哈，圣帕特里克节的寒冬后，鲁本和兄弟们在厨房里打牌：

鲁本的妈："（画外音）鲁本！清一下冰箱，我这里都闻得到臭味了。把瑞士奶酪、德国酸菜和盐腌牛肉都扔了，没人要吃那些垃圾！"

鲁本："太恶心了！"

鲁本的妈："（画外音）叫你干就干！"

鲁本的兄弟："我保证你不敢吃它们。"

鲁本："要是吃了你给我多少钱？"

鲁本的兄弟："二毛五！"

鲁本："成交！把俄罗斯酱和铸铁烤盘递给我。"

你不觉得"俄罗斯酱"的名字很诡异吗？它是美乃滋和番茄酱混合

成的茄汁蛋黄酱，其原产地并非俄罗斯，味道有点像千岛酱，但没有酸黄瓜粒。用红色来定义俄国是个过时的地域歧视，它已经不再奉行社会主义了。

吉妮 VS 德国烤肠：我是真的爱上她了

热狗是肉肠的一种，更是其中的人气王，与棒球和倒闭的汽车公司并列，都是美国的象征。即便我最中意的小食是毛巾包猪仔[1]（中西部的加州卷），我也同样是热狗的忠实粉丝。儿时起我就深爱热狗，十岁生日时，帕姆姐姐给了我一整盒奥斯卡·梅耶[2]的热狗肠，那曾是我最喜欢的礼物。只是现在，它的地位被德国烤肠取代了。

德国烤肠

在我的完美肉肠评级表上，德国烤肠没有位置，因为它好到无法衡量。即便意大利肉肠、西班牙辣肠、法国猪血肠和波兰细肉肠存有一席之地，我的心脏只为德国烤肠而梗死。当我将吉妮和德国烤肠相比时，我知道自己是真的爱上她了。只是德国肉肠没有吉妮那么好看，听起来也不怎么好吃。

1　即迷你热狗面包卷。
2　奥斯卡·梅耶（Oscar Mayer），德裔美国人，开了同名的肉制品公司。

六岁时某个清风吹拂的夏日午后，我小伙伴的母亲接到了我妈的电话，对我宣布："你必须得回家，你爸在做德国烤肠。"德国烤肠（bratwurst）名字中的"worst"把我吓了一跳，我想味道一定很糟糕。事后我才发现，它就是我家人说的"brats"。我一下子就喜欢上了德国烤肠的味道，它肉汁丰富，肠衣很脆，那时我还不知道我最爱的这个夏季食物有个不幸的正式名字——"德国烤肠"。如果父母给我起名叫"Jimwurst"，我多半会说"叫我吉姆就行"。

时近五月，只要风和日丽，我就满脑子都是德烤。德国烤肠只属于夏天，转瞬即逝。每年盛夏，我都能幸运地在威斯康星消磨几周，那儿是美国的德烤大本营。能趁机回趟吉妮的娘家本就是件好事，完美的德国烤肠更是双喜临门。如果你在美国进行为期一周的德国烤肠大巡礼，肯定会有一笔税款流向威斯康星，德烤简直就是威斯康星的代言美食，它甚至都该摆在威州旗帜的正中间。然而夏日将尽时，热狗重回舞台，它全年都可以食用，德烤则每年只有三个多月的寿命。甩开膀子吃烤肠的确很开心，但它所含的脂肪和热量相当于两顿感恩节大餐，吃多了无福消受。

因此在九月左右，我又回到了忠实的老朋友热狗身边。

热狗

热狗是最早的一个快餐，原因很简单。它让人心生愉悦。热狗是食物中的抗抑郁剂，它是快乐的同义词，狂欢节、社区派对，有热狗加入，快乐翻倍。你永远不会在棒球赛中点火鸡三明治吧，你只吃啤酒加热狗，相比"快乐之源"，火鸡三明治简直就是惩罚。

大多数人只把热狗与欢乐时光联系在一起，但它偶尔也会让人扫兴。平时没人愿意仔细去想热狗的成分是什么。最近，热狗的文化地位遭到了冲击，总有讨厌鬼来煞风景："你知道它是用什么做的吗？"我不打算知道，我只想尽情享受美味。热狗就像是脱衣舞娘，没人想知道背后的心酸，我们只是冷漠的看客。

"我十二岁的时候，我的继父……"

"别说了！加点黄芥末酱到热狗上吧！"

我不在乎热狗肠里到底有什么，塞得满满的小管子比鱼子酱更有诱惑力。热狗爱好者应该如此反击："我喜欢肠衣里的动物肉末，我只吃希伯来牛，我吃的是洁食[1]母牛的嘴唇！"广大爱好者们痴迷如此，我甚至得出了一个结论：热狗可以用任何可食的原料制作，除了羽衣甘蓝，这是最后的底线。

热狗是个世界奇迹，几乎所有文化都有自己的等价物。在冰岛我美美地吃过热狗配炸洋葱和甜芥末酱，让我梦回十岁时那场与父母同行的欧洲旅行，好吃极了。在哥本哈根的蒂沃利花园[2]，我第一次吃到了热狗配炸洋葱。一开始我难以理解，但逐渐就被它俘虏了。在那个遥远的暑假，我跟在身穿羊毛开衫的父母身后，享受着无与伦比的热狗，沉浸于其中，已然忘了周边世界。吃完一个，就要我娘再买一个，但当面前的女人转过身时，她居然面目陌生，只是另一个穿着羊毛开衫的金发女人，不是我的母亲，而"我的父亲"则是另一位着装相似的陌生人。放眼望去，蒂沃利花园中满是面貌相似的金发男女，我像是闯进了安徒生的童话。不过最终，我还是找到了我的父母，他们正站在某个饮食摊

1　洁食（Kosher），符合犹太教法屠宰并烹饪的食物。
2　蒂沃利花园（Tivoli Garden），丹麦哥本哈根的著名主题公园，开放于 1843 年。

前，分享着另一只热狗。

热狗巷

美国的中西部被我称为"热狗巷"，热狗是那儿的游客必吃物，甚至地理区块图都是热狗的形状。在芝加哥，你得吃盖着沙拉的芝加哥热狗，只有这时，我才会兴奋地嚼蔬菜和闪着荧光的黄瓜酱。洋葱、楔形番茄块、腌黄瓜、腌青椒、腌西芹、黄芥末、罕见的亮绿色蜜渍黄瓜碎被放在一个芝麻面包上，简直绝了。我曾经在芝加哥的一个街区中连吃三家，家家门庭若市。

在印第安纳州的韦恩堡，有一家必须驻足的店——Coney Island Wiener Stand，在这里，你可以吃到一只涂着厚厚辣椒酱、配大量现切洋葱的热狗。在美国的中西部，这类热狗以"康尼岛"为名，但它们和纽约的康尼岛毫无关系。据说一百多年前，有人打算在韦恩堡开家热狗店，他们觉得这个名字会让商品更畅销。康尼岛热狗总比辣热狗（其他人如此称呼）好，因为前者更加浪漫。对于 1914 年的韦恩堡人来说，康尼岛的确是浪漫的。自那以后，加成磅新鲜洋葱和辣酱的热狗就诞生了。

在托莱多（Toledo），你必须尝尝 Tony Packo 的热狗，《陆军野战医院》（M·A·S·H）中的克林格尔提到过它。 Tony Packo 的热狗是用一种叫 kolbász 的匈牙利肉肠做的，它简单粗暴，像棒球棍那么粗。Tony Packo 也以那些签了名的热狗面包[1]著称，对某些人来说，名人签名还挺有意义的，谁不想在面包上弄点名人的墨水呢？

---

1 从 1972 年影星 Burt Reynolds 忽发奇想在该店的热狗面包上签名以后，遂蔚然成风。

热狗巷的终点在底特律，洋葱和辣酱重装上阵，康尼岛热狗重回舞台。底特律人对康尼岛钟爱有加，与韦恩堡不同的是，底特律的辣牛肉酱中肉更少，豆更多。除了洋葱，辣牛肉酱也是康尼岛的灵魂，每家热狗店都有秘制的辣牛肉酱。密歇根州有更多品种的辣椒汁，加上匈牙利香肠和剁碎的干牛心，店家为之自豪的辣牛肉酱闪亮登场。要是没人告诉我有牛心，我会吃得更加舒坦，不过我已然盘中空空了。

最近，我和朋友汤姆·希尔[1]在热狗巷进行了一次巡回演出，他在托莱多说："没人会连着四天吃热狗吧？"然后我们就做到了，热狗巷万岁！

食杂店的热狗肠

我和大家一样，在看棒球赛或电影时，总得吃掉四五个热狗。这种地方连爆米花都要六美元一份，不过价格在热狗面前不值一提。近期有一天早晨，睡回笼觉前我去食杂店买了奶酪和半打啤酒当早餐，货架上说热狗肠促销，十条四美元，我还以为是店家标错了，一定是二十美元。我拿起一袋热狗肠，白纸黑字写着四美元，难以置信地拿起另一袋，还是四美元。我问一位离我不远的老女人："这是真的吗？我是在做梦吗？"她用满脸的褶子看着我，就像看着个醉鬼。或许我的确醉了，但我不是弱智，她的目光伤人太深。挥走心中的乌云，我来到收银台，花四美元买了一包十条装的热狗肠。而且，我亲自在厨房里烹饪。做热狗可没看起来那么容易，真的，但我做到了。

1　汤姆·希尔（Tom Shillue），美国著名单口喜剧演员。

吉姆的古法手作热狗秘籍

作为一个乐于分享好运的人，我打算向你公开自制热狗的秘籍——跟棒球场中半打一卖的一样美味。回到起点，第一步当然是购买材料，热狗肠最好的入手处就是食杂店的热狗区。你已经买好了？那就让我们开始吧！请把这些步骤记下来，烹饪热狗其实也挺复杂的。

第一步：开封。从冰箱里拿出热狗肠，并打开它的包装。我喜欢用牙咬开，如果老婆在厨房，请用刀、钥匙或圆珠笔。请一定要慢点，因为包装袋中除了热狗肠还有汤汁，没人想把汤汁弄到衬衫上吧，它的味道经月不散。如果有人帮你洗衬衫还毫无怨言则另当别论。

第二步：备料。用手将热狗肠从包装袋中拿出来，放入微波炉。如果老婆或母亲在场，请将肠子放入盘中或纸上，这样她们就没有理由抱怨必须要帮你收拾残局。

第三步：微波。微波可能是制作热狗中最难的部分，打开炉门就是一道难题，设定时间更是难上加难。不要担心，只要对着按钮乱按一气，你终究会解决问题。时间任意设定，不超过一分钟就行，然后按启动键。如果你连启动键都找不到，请大声呼喊老婆大人或母上大人。

第四步：烹饪。一旦按下启动，你可以听到里边的声音，有些微波炉还会有托盘旋转的声音。我经常坐在微波炉前欣赏，这也是那扇透明玻璃存在的价值。我跟很多人一样，喜欢跟着微波炉一起低吟，我是个很有乐感的人。

第五步："叮"。当你听到"叮"声后，就不用再盯着微波炉了。找出打开炉门的方法，用手将热狗肠取出。注意，它很烫。如果有人在周围，请用叉子或尖锐物体挑起。

第六步：摆盘。用面包夹起热狗。如果你住在父母家或已婚，面包多半就在厨房里。找到面包后，将烧好的肉肠放在事先切好的缝中，我建议使用常规热狗包，能紧紧包裹肉肠，我有不少前车之鉴。如果你只有汉堡面包，请把热狗肠一切为二，扯开也行。不要把汉堡面包切成热狗包，危险系数太高。切热狗肠，不要切面包。用汉堡面包做热狗，面包的占比太高了。

第七步：调味。喜欢什么就把什么放在热狗上，你有无数种选择。然后拿出芥末酱、蜜渍黄瓜碎以及洋葱，再加点花生酱上去。你的热狗就正式出炉了。如果你是番茄沙司或美乃滋爱好者，那我们话不投机。注意，不要将成品热狗塞进芥末酱瓶中，那样不仅会把热狗弄断，也会沾上过量酱料。另外，不要把佐料直接放在面包上，除非你喜欢酱浸面包，那我们同样话不投机。

现在，你拥有了一只家庭手作的热狗。我希望你学会了，我们需要开办热狗学校，因为热狗包装上的做法说明往往词不达意。请将我的秘籍分享给你在再就业中心认识的朋友们吧，因为他们的智商亟须指导。

旋转烤肉：垫底之肉

旋转烤肉（Gyro）是从希腊来的，但它后来就变成了一种酒鬼们偏爱的本土食品。大学时代，我在华盛顿特区的比萨店里吃了一位韩国移民做的融化美式奶酪配希腊旋转烤肉，实在太美国了。旋转烤肉是将肉放在一张超大金属纸托内烤熟的，然后厨师用屠刀一片片切下。这种做法不知从何起源，我觉得它其实就是希腊版的博洛尼亚肉肠。

旋转烤肉跟我大学时代喜爱的美式奶酪派生品不同，它的正确食用方法是将一片希腊版的博洛尼亚肉肠放在皮塔饼中，再加上洋葱和番茄，用酸奶黄瓜将饼皮浸透。这玩意的读法一直富有争议，有人读"gi-ro"，也有人读"gyr-o"，人们喝多了才会讨论这些，就图找个乐子。我最后一次在清醒时吃旋转烤肉是在纽约机场，2009年2月3日，那真是终生难忘的记忆。事后我对吉妮真诚道歉，我经常在暴食后如此糊弄她，假装在道歉，然而这回我真心诚意，因为胃中翻江倒海，我都吃不下吉妮登机前剩下的汉堡。那次长途飞行简直是场煎熬，唯一的好处是我再也感受不到飞机的颠簸——我终于意识到，纽瓦克机场的旋转烤肉少了一种重要调料——酒精。

吃汉堡不加奶酪：你是外星人吗？

有一天有个人告诉我说，有个研究发现，每个成年人一个月只能吃一次红肉。我想这大概是牛做的这项研究吧，我才不管这些。我吃了数不胜数的奶酪汉堡，我最近三顿饭中，有两顿吃了奶酪汉堡，剩下那顿只是因为找不到汉堡店。如果牛排是肉类中的燕尾服、培根是糖果，那美味的奶酪汉堡则是母亲的拥抱。奶酪汉堡值得赋诗赞美，它是我生命中重要时刻的计量单位，"第一次演出"值两个，"与吉妮结婚"值三个，"免费汉堡"值四个，如此累计。

如果让我给自杀救助热线提建议，我希望接线员能在咨询前问："来个奶酪汉堡怎么样？"奶酪汉堡跟纯汉堡可不一样，谁吃汉堡时不加奶酪，你是外星人假扮的吗？汉堡必须配奶酪，切达最好，这是我的原则，奶酪都被写进了汉堡的名字里。我不敢想象没有奶酪的世界，那就好比没有体育栏目的《今日美国》（USA Today），毫无存在意义。好点的印第安纳餐厅有时不供应奶酪汉堡，但那儿永远不会成为我的第一选择。

一天吃一个奶酪汉堡，生活才有意义。奶酪汉堡俘虏了我，我只有在咬下最后一口时，才会想起健康饮食的劝诫。享用奶酪汉堡颇有仪式感，第一口总是有点犹豫，"我会爱上它吗？肉饼如何？要加调料吗？"；第二口是深入了解，慢慢坠入爱河，惴惴不安；第三口，我投降了，被快乐包围，"这赞了""你要克制""健康第一"；第四口带着些许失落，开始不舍得；第五口只咬一点，因为定量进食的规定……回过神来，汉堡已经消失了，只剩回忆，美好的回忆。

休普汉堡[1]

卡尔文·特里林[2]曾经写道："任何不认为家乡小镇的汉堡冠绝宇宙的人都是娘娘腔。"这句话一语中的，点明我们这些外地人对家乡汉堡的眷恋，那是一种超越口感和逻辑的爱。这样说来，我不怎么娘也许是因为印地安那州西北有全世界最好吃的休普汉堡。特里林先生的观点深得我心，哪怕我来自堪萨斯市或纽约城，休普汉堡依然会是我心中的王冠。休普汉堡有两个小缺点，它们的肉饼全熟，还会被不可饶恕地压扁。然而它又是完美的，肉质脆而不焦，奶酪量和腌黄瓜恰到好处，不至于太浓烈。每次回到故乡，休普汉堡总能给我带来巨大的满足，卡尔文所言不虚。

Shake Shack[3]

我在纽约住了二十多年，其间我与人生中最好的汉堡相遇，Jackson

---

1 休普汉堡（Schoop's），是一家 1950 年代风格的饭店，在印地安纳州西北部和芝加哥南部有十八家分店，第一家开于 1948 年，在印地安纳州的哈蒙德市。
2 卡尔文·特里林（Calvin Trillin），美国著名记者、幽默作品作家、食评家、诗人、传记作家和小说家。
3 纽约网红汉堡店，在上海有分店。

Hole、PJ Clarke's 和 Corner Bistro 在我心目中都享有特殊位置，但相较而言，Shake Shack 的位置更特殊。在气温零度的纽约，只有 Shake Shack 门外（或许还有百老汇或连指手套店）还有人排队。Shake Shack 的奶酪汉堡是最多汁美味的汉堡之一，为了那软硬适中的面包，我愿意排长队。我曾经开玩笑要求 Shake Shack 在我家开个分店，就开在孩子们的卧室里。

马背汉堡

纽约的 Balthazar 餐厅有一种鸡蛋奶酪汉堡叫做 "à Cheval"，它的法语意思是 "在马背上"。这个奇怪的名字丝毫没有打消食客的食欲，他们大都不会说法语，就算懂得也不愿思索其中的内在联系。我喜欢在马背汉堡上再加片培根，牛、猪、鸡俱全，这就是我支持畜牧业的方式。认真做奶酪汉堡的时尚餐厅深得我心，比如 Balthazar，火侯恰到好处的蛋黄软而流黄，却不会流得到处都是，真是大自然的馈赠。

黄油汉堡：Kopp's/Culver's[1]

活了几十年，我从来没有意识到威斯康星盛产奶制品，黄油汉堡则无疑证明了威州的伟大。如此美味或许是黄油过剩催生的：面包上涂满黄油，肉饼上再加一片，顶上是黄油烤洋葱，毫无悬念，这汉堡一股浓浓的黄油味。将奶酪和黄油放在一起，妙极！威州值得在我们的国旗上占两颗星。

---

1 Kopp's，指是 Kopp's Frozen Custard，在威斯康星州有三家店；Culver's 是总部在威州的快餐连锁，在全美有近七百家店。

不死的加菲根：僵尸汉堡

僵尸汉堡是爱荷华州一家美味的汉堡餐厅，它融合了人们热爱的两大要素：汉堡和末日僵尸。那儿供应什么行尸走肉堡和乔治·罗梅罗匹兹堡（George Romero's Pittsburgher）[1]。当僵尸汉堡愿意为我定制行尸走肉加菲根时，我立马报出了原料：培根、切达、白面包、五层肉饼（一层给一个孩子），还有辣椒，我是火辣的拉丁美洲人！

多汁露西/多水露西

我很喜欢明尼爱波利斯，在那儿我不再是唯一的大头金发白男。中学时我的头实在太大，不得不用橄榄球护具当头盔，你甚至可以往我的脑袋里再塞一个脑袋，对此我毫无"头"绪。我常把自己的头想象成另一个头的套子……好吧，我现在就闭嘴。不管怎么样，每次我顶着大脑袋去明尼爱波利斯时，我常扭头直奔马特酒吧[2]点上一份"多汁露西"，然后再去医院解决口腔灼伤的问题。多汁露西是一种奶酪汉堡，其中奶酪与肉饼是一起烘烤的。马特酒吧的马特一拍脑袋，"与其把奶酪放在汉堡中，把食客烫伤好像更刺激。"但说到底，谁会不喜欢一千度、能融化宝剑的奶酪呢？明尼爱波利斯还有家58俱乐部，它们发明了"多水露西"，两者别无二致，只有汁与水的区别。多汁露西和多水露西的竞争白热化，我总是在两家各吃一个，免得它们打起来。我真是高尚的和平

1　乔治·罗梅罗（George Romero）是僵尸电影的先驱，而匹兹堡（Pittsburgher）是汉堡（hamburg）的谐音。
2　马特酒吧（Matt's Bar），明尼苏达州明尼爱波利斯著名酒吧，创始于1954年。

创造者，和平使者有权继承汉堡店。

万一我死了，我会给孩子们留一份遗愿清单：

1. 黄芥末是奶酪汉堡的最佳拍档。

2. 别听各种清单的。

炸薯条：史上最重要的油炸品

　　曾经有一种说法，在销售汉堡时搭配薯条以外的配菜都是反人类的。用膨化食品配奶酪汉堡一定会让你觉得不值，"炸薯条呢？你们的炸锅坏了吗？怎么还不打折？"汉堡与薯条是美食界的最佳拍档，有害健康，却魅力难挡。吃炸薯条是对自己的犒劳，度假就是畅吃薯条的借口。炸薯条就像是洞洞鞋，那玩意丑到不该上脚，你却贪图方便。薯条当然是油炸的，而且是人类历史上最重要的油炸品。油炸机的发明者可能都没有意识到，他的神奇机器在加工无味的根蔬后，为人类带来了味觉冲击。就像好莱坞从贫民窟到百万富翁的神话，炸锅把低档土豆变成了万众景仰的明星。虽然已经广受好评，但薯条更值得登上神坛。我们大概是脑子进水了，仅仅把它定义为配菜，从没有给予它足够的荣誉，任由它被其他食物超越。薯条不仅是快餐的重要元素，还是大多数餐厅得以存活的根本。根据我的计算，炸薯条可以与百分之九十以上的主菜搭配，除了常见的汉堡，还有牛排、鱼、烤鸡三明治、热狗，甚至卷饼。

炸薯条作为主菜：肉汁薯条

我很喜欢加拿大和墨西哥，这两个邻居让美国受益匪浅。墨西哥食物是人类最伟大的成果之一，加拿大也不相上下。他们有种特殊的亲和力，永远和气、平静、健康，甚至甘愿与无休止的冬季相伴，不近人情地喜爱冰球。我始终不能理解加拿大人，直到享用了肉汁薯条，所有碎片拼成答案，如同《普通嫌疑犯》(The Usual Suspects)的最后一幕。加拿大东部（蒙特利尔和渥太华）的肉汁薯条简直独一无二，炸薯条上覆盖着奶酪和肉汁，充分诠释了加拿大的美食文化。加拿大有全宇宙最好的医疗保健体系，我猜搅人心神的肉汁薯条功不可没，我的胃现在依然消化着 2006 年的残余。肉汁薯条也可以当作镇静剂，它让你昏昏欲睡，把"关于"说成"鲑鱼"[1]。你瞬间得到的额外体重可以帮你抵御严寒，他们对冰球的异常热爱大概也跟肉汁薯条有关。

对我来说，不健康的食物才是正常之选，但肉汁薯条还是有点越界。肉汁薯条就是不健康之最，"我们要做最不健康的东西，把其他心脏病成因堆到炸薯条上，动手吧！"加拿大人，你们创造了意想不到的成功。肉汁薯条有多好吃，就多有害人。

我出席过一次渥太华的肉汁薯条节（一年两次），二十六家供应商在那儿用不同的方法做肉汁薯条。费城奶酪牛排肉汁薯条、鸡米花肉汁薯条，当然还有些令人生厌的素肉汁薯条。当我吃完第二份时，我真切地听到心脏的悲鸣："你在干什么？你跟我有仇吗？"我的动脉在变紧，大脑却在说："还能忍忍，会出点汗，会出好多汗，但你会习惯的。心脏，

1　原文把 about 说成了 a-boot，嘲笑加拿人的口音。

你周末再放假吧。"

在渥太华，你能找到咬起来吱吱叫的奶酪，听上去就像擦玻璃的声音。我经常在肉汁薯条上加烟熏肉，倒不是因为喜欢烟熏的味道，我只是想知道它的品种。以下是我和女服务员的对话，发生在 2008 年的蒙特利尔：

> 我："这肉真好吃，这是什么肉啊？"
>
> 女服务员："烟熏肉。"
>
> 我："我知道，我是问哪种烟熏肉。"
>
> 女服务员："好吃的那种烟熏肉。"
>
> 我："对不起，我不知道你在说什么，但我突然想看冰球赛了。"

薯条作为调料

匹兹堡和克利夫兰各有特点，除了都是热衷于美式橄榄球的锈带城市之外，它们还共享把炸薯条做进三明治的独特习惯。通常，三明治是少数不与薯条同食的食物，但匹兹堡和克利夫兰打破了常规。我不在乎这发明谁先谁后，它就像为了逃露天影院的票在汽车后备箱里多塞了个人那样无关紧要。把薯条放入三明治是件好事，简单易操作，还美味无比。这一做法在其他城市也可以见到，但匹兹堡和克利夫兰把夹薯条做到了极致。匹兹堡的 Primanti 兄弟[1]有意大利面包夹卷心菜丝配薯条的三明治，我不知道是兄弟中的哪位想出了这个主意：

---

1 Primanti 兄弟，匹兹堡最著名的三明治店，创始于 1933 年。

兄弟一："我们得想办法提高三明治的销量，有什么主意吗？"

兄弟二："在三明治里放沙拉怎么样？"

兄弟一："听起来有点意思，试试吧。"

兄弟三："再加点炸薯条吧。"

兄弟二："三明治夹薯条？"

兄弟三："对，三明治夹薯条。"

兄弟一："你又喝多了？"

兄弟三："我没喝多，不过那的确是我喝多时想到的。"

在克利夫兰，我喜欢去帕尼尼烤肉吧[1]，那儿是三明治夹沙拉薯条的传奇之地。与匹兹堡不同，克利夫兰的三明治用铁板烤过，这也许是酒精造成的"快乐意外"。有人边吃匹兹堡三明治边喝酒烫衣服，克利夫兰三明治就这样诞生了。这主意也没有太离谱，克利夫兰还有条会着火的河[2]呢！

1　帕尼尼烤肉吧（Panini Bar & Grill），克利夫兰名店。
2　会着火的河，指 Cuyahoga River，因为水中污染太严重，在 1969 年 6 月着过火。

自我定位：顶级微波炉大厨

　　每当政客在演讲中一遍遍鼓吹要"让美国再次强大"时，我都会有些难堪。一方面这都是空头政治承诺，另一方面我不喜欢工作：别让我"强大"了，我一点都不想努力。我不喜欢需要让我动起来的工作，我喜欢放松，放松累了，就什么都不干。做菜也是一种工作，所以我敬谢不敏。"你喜欢食物，所以一定热爱烹饪。"这逻辑对我一点都不适用，我还喜欢睡觉呢，可我也不喜欢做床啊！

　　感谢上苍，让别人喜欢上了烹饪。他们对动手的爱堪比我对待着不动的爱，我还能因此吃白食，双赢。看别人制作食物让人感到放松：饱腹时美食节目总显得愚蠢，饥饿时它会比平时更好看，食不果腹时那就是视觉盛宴。

　　你们都知道的，我是个吃货，只吃不做。除了微波炉，厨房中一半的东西我都不认识，它们简直就是在浪费空间。除了做果汁，没上过料理课的人难道有其他使用料理机的机会吗？结婚前我甚至把毛毯放在大烤箱里，它就像个绝佳的橱框嘛。

　　我大多数时候都是用微波炉转东西吃，那当然不算烹饪，我只是按下按钮，然后等着一声"叮"。我甚至不知道如何使用微波炉（如前文），我不想弄坏它，我只知道不能把金属或湿的猫放进去。因此，对我来说，轮到我管孩子时，喂饱这群小家伙可不简单，我只能说："喏，午饭有热狗、爆米花、冷热狗。"生产商们洞察一切，为微波炉增加了爆米花和回热按钮。有一次，我在宾馆中看到一个有"正餐"按钮的微波炉，一声"叮"后我打开微波炉，里面空空如也。那个微波炉可能坏了吧。

我用微波炉加热东西时，很少会读包装上的说明，"搏出个未来"，我就是微波炉烹饪界的埃维尔·克尼维尔[1]。我觉得微波炉食品不需要加热指导，如果你用它加热墨西哥卷饼，你还会在意食物的品质吗？说明书多半都是这样写："用微波炉加热，凉了就扔到嘴里，饭桶。"爱米碗[2]会教你"停，转动碗，搅拌"，与其看这种介绍，我宁可照着《厨中悦》[3]从头做起。当微波食品的说明超过"放入微波炉，然后按钮"时，我就假设那些字是为了填补空白。

> 老板："这个包装的背面是空白的，我们也许得加点什么。"
>
> 员工："加什么？那就是个卷饼啊！"
>
> 老板："我也不知道，至少应该告诉人们怎么开微波炉，不写这些总觉得怪怪的。"

1　埃维尔·克尼维尔（Evel Knievel），美国著名特技明星。
2　爱米碗（Amy's Bowl），一种速冻食品，内有塑料碗，直接微波炉加热即可。
3　《厨中悦》（The Joy of Cooking），美国经久不衰的菜谱，自 1931 年初版后，至少已卖出 1800 万册。

　　微波炉如同冬衣，它升温很快，人们也从来不清洗它，第二年就变得肮脏无比。微波炉中的东西令人毫无兴趣，这就是食物总被忘在里面的原因，它可能就是专门用来隐藏喝剩的半杯冷咖啡的。用微波炉烹饪是件怪事，"你知道原子弹的爆炸原理吗？我们用它来爆爆米花吧！"

食杂店：食品博物馆

如果谁家自己开伙，那他们一定经常去食杂店。除了去那儿取材之外，我对食杂店有种特殊的情感。高中的一个夏天，我有幸在食杂店打工，我的头衔是"堆货小子"，负责把瓶瓶罐罐放到货架上，听那位不知疲倦的重生派天主教同事唠叨，"你获得救赎了吗？""如果倒地而亡，你能去天堂吗？""你为什么戴着耳机？"为了激励自己，那个夏天我反反复复地放着同一盘经典乡村怀旧金曲磁带，声音比食杂店的背景音乐都大。快到八月底的时候，我成了一名虔诚的无神论者，我知道了《销魂天师》（*Elvira: Mistress of the Dark*）的所有咒语，并发誓再也不去食杂店了。

如今，由于神的怜悯和重生派教徒的祈祷，我爱上了食杂店。那就像一所我吃过的所有食品的博物馆：这是乐事的作品，多可爱！花生酱和果冻放在同一个玻璃瓶中？镇馆之宝！双份奥利奥？超乎想象。食杂店中的所有食品都错落有致，摆放合理，突出重点，和谐有序。我有点包装控，总觉得包装就像食物的衣服。"饼干，你穿的是什么？可爱的好丽友派袋子？""甜心，让我帮你把外套脱了吧。"好像有个怪论，食物越好吃，包装越好看。非凡农社（Pepperidge Farm）的面包看起来像穿了三层的高级套装，而那些逗留在底层货架上的廉价麦片则像是无家可归者，至少得找个纸盒给它们住吧？

食杂店中的货品之多真是令人难以置信。光花生酱的品种就不计其数：绵滑、厚实、天然、无糖、颗粒口感，甚至超大颗粒。如果我买的是超厚实口感的，我都能想象到打开之后里面只有一粒粒花生，把它涂在面包上一定很震撼。在超级食品的映衬下，吃标准份就像是懦夫的行为，"看那个吃小包薯片的胆小鬼！你能吃下超大装吗？""我试试。"食杂店向我们展示了人类创造复杂食物的极限，狗狗们一定会为此而嫉妒，这就是食杂店禁狗的原因。

虽然我的婚姻生活羡煞旁人，但食杂店的确是供单身人士艳遇的好地方。我也不知道这是什么原理。"我看你在购物车中拿了聪敏纸[1]，它特别吸水，要不要一起喝杯咖啡？"在买卫生纸时，大家都有同样的尴尬。我时常故意推着十二卷的大包装卫生纸闲逛，似乎大家都在看我，"那家伙是不是住在卫生间啊？"我不想在食杂店遇见任何人，单身的也一样。我在那儿有过一次艳遇。某个周六上午，买每日培根时，有人拍了下我的肩膀，我转过身，看见一个瘦弱矮小的八旬老太，她音调不高但依然有力："对不起，小伙子，能帮我拿瓶番茄沙司吗？"我可不傻，知道自己是撞上桃花了，她一定是想占我便宜。我礼貌地把番茄沙司递给她，她说谢谢，欣赏小鲜肉似的看着我。"女士！我已经结婚了！"我对她解释，那个老太却只是装傻。我强装欢笑，举起左手的结婚戒指，"已婚！我已经有主啦！"货架尽头，一个堆货小子朝我们这边看，问"你还好吧？"我自信地回答，"没关系，我知道如何与猎色狂周旋！"

---

1 聪敏纸，Charmin，美国卫生纸品牌，与 charming 发音相同。

那个色情狂老太太终于恼羞成怒，仿佛我越过了她的底线："可我从没结过婚！""没出嫁也不能嫁给我呀！"我吼了回去。不过我得承认，被人追求的感觉还是不错的。

我最喜欢在食杂店试吃，不幸的是免费试吃后，你就陷入了尴尬。拿到试吃前，你总是装出准备购买的样子，"这玩意在派对上吃不错……来不及了，先走一步，赶时间！"

在食杂店排队结账也很尴尬，收银员一下就看穿了你的私生活。他们似乎在评判我买的每一样东西，"你真要吃那玩意？难怪你还买了便秘药。"即使我买的东西越来越少，收银条上的数字还是越来越大，看来不得不加入食杂店的会员了。

> 收银员："你是本店会员俱乐部的成员吗？"
>
> 我："我只是来买热狗的。"
>
> 收银员："那要四千美元，除非你加入俱乐部。"
>
> 我："我没空来俱乐部开会……我还是加入吧。"
>
> 收银员："入会很方便，只要花十分钟填个表就行。"

收银员在为我装袋时，我总是有种不适，所以我偶尔会试着化解这种不适。"谢谢你把日用百货装进袋子。我可以帮忙，但我只想看着。从货架上拿那些玩意已经让我筋疲力尽了。你想来我家看我吃东西吗？我想交个新朋友。"比看收银员装袋更令人不适的，是在自助收银台自己装袋，给一个个货物扫码时，我总在想什么时候才能扫完。有时候，我甚至会问自己要纸袋还是塑料袋。

热袋[1]：我的福音与诅咒

接下来，聊聊塞了八百磅夹心的面饼吧。如果你不知道热袋是什么，欢迎来到北美。如果你是北美人却不知道热袋，那你大概很富有，并且十多年没进食杂店了。或许你的生活方式很健康，从来不看电视，只在农贸市场购买食物。你是另一个大学炸弹客[2]也说不准。

热袋的理念没什么创新，基本上就是肉馅外包着某种酥皮，乏善可陈。最早在广告中看到热袋时，我以为那就是个比萨盒子。所有南美人都在惊叫"那是我们的肉饺子（empanada）"，牙买加人则坚持"不，那是俺们的肉派（meat pie）"。美国的热袋在各个文化中都有自己的版本，其他国家的更像真正的食物，背后还有各种各样的历史，美国的则是廉价仿制品。某种程度上，热袋是美国饮食的一个符号，它是电视餐的后裔。电视餐是热袋的先祖，上世纪中叶，我们的生活节奏逐渐变快，同时在料理食物上愈发懒惰。50年代，电视食物成全了人们边吃边

---

1 热袋（Hot Pocket），雀巢公司的速冻食品。
2 指泰德·卡辛斯基（Ted Kaczynski），是一个大学数学教授，在1978年到1995年，以邮包和放置炸弹，造成3人死亡，23人受伤。

看的欲望，微波炉能够让我们更快地制餐，腾出更多时间看电视；热袋则让我们在看电视时，可以直接从微波炉里拿出东西吃，还用不着刀叉。再过十年，食物大概就能自己从电视里跳出来了。

说实话，我都不好意思再提热袋了，它同时为我带来祝福和诅咒。祝福是我写了好多关于这玩意的段子，它们成就了我的事业；诅咒是我总是在机场被人指着喊"热袋"，我实在想不出回应。"你好，谢谢？"有一次，我代表退伍军人在美国有线电视新闻网严肃地表扬鲍勃·伍德拉夫基金会[1]的杰出工作，视线之外，电视屏幕里出现了我的介绍：热袋吉姆。毫无疑问，热袋会出现在我的讣告中，"热袋喜剧家吉姆·加菲根"。无论如何，热袋改变了我的生活。如果上世纪 90 年代末的热袋广告不是那么可笑的话，我可能一生都与单口喜剧无缘，也不会写出这本书。

很久以前，我在纽约的卡罗兰喜剧俱乐部[2]演出。那是五六位演员每人讲十五分钟的开麦秀，在如此著名的俱乐部演出，无疑是开发新笑料的好机会。电视新发明热袋就这样滑入我的脑中，就连它的名字都很滑稽，热袋听起来就像是性无能的委婉说法。

爷爷对青少年说："看，鲍比，那些不去约会的家伙发明了这种叫热袋的东西。我不是在批评你，但你该找个女朋友了。过去我一直在吃热袋，后来就碰上了你奶奶。"

---

1 鲍勃·伍德拉夫基金会（Bob Woodruff Foundation），美国著名战地记者创立的同名非赢利组织。
2 卡罗兰喜剧俱乐部（Caroline's Comedy Club），在纽约百老汇的单口喜剧剧场，美国最著名的单口喜剧场子。

　　热袋的电视广告甚至更荒谬，一个过度兴奋的母亲从微波炉里拿出了类似于麦当劳苹果派的东西，递给她过度兴奋的儿子；然后是更兴奋荒诞的叮当声："热袋！"这广告简直是周六夜现场的拙劣模仿。一阵困惑后我疯狂爆笑，我的好奇心被激发了，哪个正常人会买这玩意？那天晚上我把几个笑话加在一起，卡罗兰舞台的纽约观众哄堂大笑，一个平凡无奇的喜剧夜。下台后，我找到当晚的主演人，我的朋友维克·亨利[1]，他说"热袋的部分很好笑"，我回答谢谢，心想他只是客气，没想到维克又重复了这个赞美。来自尊敬前辈的鼓励是大多新人梦寐以求的，我没有将它弃之一旁，而是为热袋这玩意儿创造了更多笑料。

　　热袋笑话时机正好，我很幸运能在其他喜剧演员意识到热袋的荒诞之处前开创先河。我没有预料到热袋的成功，事实证明，它的受欢迎有迹可循。我的青少年时代，大家都吃微波炉加热的墨西哥卷饼，玉米饼吃起来像是硬纸板，但实在方便。热袋就是下一步，它是谁都能加热的全品类微波炉食品……真是这样吗？

　　我其实也买热袋，走进食杂店，直奔冷冻柜，"我就要买它"。食用热袋后，我从来不觉得享受，只感觉"我要死了！太不值了！我是把它往脸上糊了吗？背好痛……连手表也停了！"热袋的包装上应该写上警告语才对。

　　人们有时会问热袋厂家有没有联系或起诉我，然而它们并没有。雀巢公司大概也知道热袋不能配香槟，你从来不会在哪家餐厅的菜单上看到热袋，"我想点凯撒沙拉配热袋"。豪华餐厅中永远不会有如下对话。

侍者："今天的厨师特荐是智利海鲈鱼，用柠檬与黄油煎

1　维克·亨利（Vic Henley），美国著名单口喜剧演员，巡回演出遍布美国所有的五十个州。

制，还有从肮脏微波炉里转出来的热袋，配儿童腹泻药水。"

食客："热袋里面是冷的吗？"

侍者："是冰冻的，但可以超高温加热。"

食客："那会烫嘴吗？"

侍者："它会毁了你的嘴，以后整个月，你吃什么都像咬橡胶。"

食客："那我要热袋。"

热袋进入公众视线的时间并不长，某个《价格猜猜猜》的选手曾赢过够吃一辈子的热袋，这和死刑判决也没什么区别。热袋已经成为我们文化的一部分，它刚刚问世时，没人知道它会开发出四十多种口味，好像每天都会诞生新品种。由于热袋有不计其数的口味变化，人们可以把各个口味的混合起来，摆放在冰箱里，然后像玩轮盘赌一样随机抽取，参加游戏的人无法知晓谜底，直到咬上灼热的一口，谜底才揭晓。事实上这游戏十分无趣，因为热袋的味道都差不多，没人能够确切说出吃到的口味。

热袋在新闻中的出镜率比十八线小明星还高，最近热袋被大规模召回过一次，说是含有不健康的肉。对于大多热袋消费者而言，这简直家常便饭，明天的新闻大概是吸烟有害健康吧。大多热袋新闻的主题都是关于人类的愚蠢行为。南岸（South Bend）有个青少年为了抢热袋用刀捅了自己的兄弟、圣母大学的学生闯进一家健康水疗中心抢劫热袋。在我的家乡印地安那，这种行为并不稀奇，但水疗中心居然出售热袋，你敢相信吗？"理疗按摩后，试试热袋面膜？"

不久前，热袋只是醉汉的爱用物。它也许源于某次市场会议上的一个糟糕建议，"往夹心饼干里放点恶心的肉怎么样？和饼干夹鱼的创意不一样，这回带着套子卖。"热袋有个让表面变脆的套子，我不建议取下套子后加热，那会炸掉你的房子。微波炉加热热袋的时间正好是你思考的时间，如果需要花更长的时间加热，人们就会改变想法去吃别的。"既然转好了，那就吃了吧。"三分钟转热，两分钟冷却，如果你和我一样没有耐心，这五分钟简直太难熬了。

即使你从来不吃热袋，多半也听过它的广告歌，曲调不怎么复杂，听上去毫无设计感。我不是音乐专家，但也知道那是四岁小孩都能谱出来的连续降调，作曲家到底有没有用心啊？

产品经理："比尔，你的热袋广告歌写得怎么样了？"

比尔："是今天截止吗？"

产品经理："是今天，你有主意了吗？"

比尔："（打拍子）有了。"

产品经理："哦？"

比尔："（打拍子，唱）热——袋？"

产品经理："很好，没有 By Mennen[1] 的广告歌那么好，但也不错。墨西哥语的怎么做？"

比尔："（唱）烫——包？"

产品经理："你真有天赋，别藏着掖着，我的朋友。"

必有一款热袋适合你

蔬食热袋：为不喜欢吃肉，却希望爆发恶性腹泻的人研发。我经常

1　By memmen，著名的男用止汗剂，广告词也是两个词。

怀疑热袋就是厕纸生产商精心设下的局。

瘦肉热袋：旗舰热袋的健康版本，我都不想知道它里面有啥。食用指导：从盒子里拿出来，直接扔进厕所，冲走。可能的广告口号：卡路里减半，腹泻效果不变。

早餐热袋：我最喜欢的热袋，为你开启完美一天。"早上好，你今天可以请病假了。"热袋的研发团队使早餐吃热袋成为可能，要是午餐也吃，你晚饭前就死了。

全麦热袋：现在都有全麦热袋了，"为您带来健康的腹泻"。

熟食热袋：有一种热袋是用真正的熟食肉做的，那普通热袋里都是什么肉啊？熟食肉不是普通的肉吗？"不，那是鼹蜥肉。"

热袋小汉堡：热袋小汉堡？白色城堡疑惑，"你是认真的？"

热袋三明治：我完全不知道这是什么，也许是由热袋常用的恶心肉类与走味面包组成的。

羊角热袋：法国人该恨死我们了。

鸡肉派热袋：多年前我看到过一个鸡肉派热袋广告，我觉得这就是来恶心我们的。它们已经黔驴技穷，没有新点子了吗？"你吃过鸡肉派热袋吗？那是热袋塞热袋，吃起来就是热袋，让你想把脑袋塞到微波炉里去。"我算是搞懂了。

热家伙[1]

我定期在加拿大演出，多年前，有人向我展示了加拿大版的热袋：热家伙。加拿大人怎么会想出比我们还糟糕的名字，热家伙？美国人才

---

1 热家伙（Hot Stuffs），加拿大 Schneiders 公司出品的热袋。

是北美洲的笨蛋啊?

　　大多数热袋盒中有两枚热袋。一个是供吃的，但吃完就后悔；另一个供你康复后放进冰箱。热袋还可以用来衡量醉酒程度。某个男人打开冰箱，看着热袋："我不吃那玩意，我还能开车，我们去华夫屋吧。"

外卖：他到了，他到了！

在家等外卖是我最喜欢的两种活动：吃和不动。这件事其实挺可悲的，我房间隔壁有微波食物，但我都懒得走过去。我常从步行可至的餐厅点外卖，"我喜欢你们的食物，只是懒得下楼"。外卖最令人畏惧的部分是起身开门，"我是谁？男管家吗？算了，至少不用穿裤子"。显然，我不是唯一懒得出门吃饭的人，曾经只有比萨店和中餐厅提供外送，现在你可以点任何东西上门，整个社会都越来越懒。只是打电话有点麻烦："我想叫个外卖，最好有人来喂我……我在浴缸里……钥匙在门垫下面。再见！"

根据我叫的外卖总数，你一定会认为我是个外卖行家。我花了大把时间来规划吃什么，直到打电话时，才发现外送时间已经过了。我搞不定电话订餐，总以为自己准备好了，实际上却并没有。电话那端的接线员永远是不耐烦。

餐厅："外卖，你要啥？"

我："你们有吃的吗？"

餐厅："有的，你要啥？"

我："我等下再打过来，我先准备一下，还没准备好回答你的问题。"

点外卖最激动人心的时刻，是送餐者按门铃或者敲门的时候，他像驾到的圣诞老人，"他到了，他到了，送餐的到了！"打开门后，你却不会像对待圣诞老人那样对待他，我们像是在进行一场人质交换，"你在门边等着，一手交钱一手交货。慢慢往后退，不要有多余的动作"。

该给送餐员多少小费真是个让人头疼的事，在餐厅给两成正好，但谁能提供送餐员的小费建议呢？"如果你在这儿等我吃完，我给你百分之二十。能为我放点音乐吗？或者倒杯冰水？"给送餐员的小费其实应该再多点，他们在街上骑车，到我家还要爬五层楼，远远超出了侍者的服务范围。好了，我只是说得好听，最后我还是只给他几块钱，抓紧时间响亮地摔上门，忙着在外卖冷掉之前撕开纸袋开吃。

外送袋中总是附赠劣质餐具，即使我点的是一人份，店家依然会放入二十五个纸盘子和一大把像是从监狱储藏室里偷来的塑料刀叉，生怕你在切黄油时折断。它们为什么要给拥有完整厨房的家庭送一次性餐具？我又不是从野外营地点餐的，店家也许只是想处理掉这些劣质免费的东西。"这五千个不值钱的盘子怎么搞？""放在那个胖子的纸袋里，他懒到隔条街都要叫外卖，多半不会在意环境。"

外卖食物中还有份毫无意义的菜单，难道我之前不是照着菜单点的？我是凭空想象餐厅都有啥的？我直接照着之前的再重复点一份就好了。难道是店家印了太多，不想让老板知道？我还有五千双来源不同的筷子，乱七八糟地塞满抽屉。谁会在一个人用餐时使用筷子？它是餐厅中显摆技巧用的。外卖袋（垃圾袋）中还有很多调料包，多到能让你参加末日求生，直接扔了好像不太好，又不能送给无家可归的人，"万一你讨到食物，我可以给你些番茄酱"。无视这些微小的不便，叫外卖依然是我不睡觉时的最爱，吃奶酪除外。

聊聊奶酪：个个深得我心

仔细想想，喝牛奶其实挺恶心的，那是奶牛的乳房流出来的奶啊！成长过程中，大人们总是劝我们要喝牛奶，如果妈妈说"别忘了喝那些奶牛的六个乳头里流出来的奶"，我很好奇孩子们会有什么反应。毫无疑问，刚才的发言为我断送了参演牛奶广告的机会，但我始终搞不懂那个演员是怎么赢得这个广告代言竞争的。难道这演员有令人恶心的牛奶胡子？我还是买点牛奶吧。

因为乳糖不耐，有些人不能喝牛奶或摄入奶制品，我曾经以为自己也是其中一员。某天喝完四杯奶昔，我的胃很痛，事后才想起自己还吃了四个青椒汉堡，多半是汉堡肉有问题。如果你有乳糖不耐，那也没什么丢脸的，只是你娇嫩的肚子不能承受火辣的牛奶罢了，"你们有比牛奶温和的东西吗？水就算了，水会让我拉肚子。"

我对牛奶无感，但牛奶制品实在迷人：奶酪、冰激凌、奶油、黄油，母乳资源如此丰盛。奶酪可能是最常见的奶制品，几乎人人都爱吃奶酪，美国人均一年食用 23 磅奶酪，我可不止吃这点。那些强壮的乳糖不耐者，还有那些不吃奶酪的人（不是讨厌蓝纹奶酪的小孩子，而是来者皆拒的），我把属于他们的分量都给消灭了。我简直不敢相信这世上还有不吃任何奶制品的人，他们通常不喜欢特定颜色或特定形状的食物，"我不喜欢吃黄色的东西，或者方的汉堡"。如果我在唐纳大队[1]，我会第一个吞下他们，即便他们的口感比不上那些均衡膳食者。

奶酪真是了不起，我对它始终忠诚。小时候，当我知道"奶酪味"（cheesy）是个贬义词时我都震惊了。我姐姐打电话向朋友抱怨说一部电影有点奶酪味，年幼的我当时就感觉凌乱了，万般好奇她指的是哪一种奶酪。奶酪和电影对我来说别无二致，它们都与饼干有关。让我感到宽慰的是，奶酪不能一口气吃太多，否则胃会不舒服，要不是这样，我现在可能已经死了。下面是我最近写给切达奶酪的信，昨晚我与它缠绵一夜。

亲爱的切达：

昨晚是我错了，都是酒精作祟，让我冲动；现在我羞愧不已，并且胃痛难耐。我说过想在今晚再次与你相会，但是我做不到，我要爽约了，对不起！昨夜是如此快乐，用美味来形容也不为过，但一切都结束了。美味和一时之快并不意味着健康……好吧，凌晨两点厨房见，天啊！

你真诚的

吉姆

奶酪的种类

大体来说，我喜欢所有种类的奶酪，包括最开始每一口都臭得令人

---

1 唐纳大队（Donner Party），指的是一群在1846年春季由美国东部出发，预计前往加州的移民队伍，遭遇变故受困寒冬，近半数成员冻死或者饿死，部分生存者依靠食人存活下来。

作呕的那些。我不止一次劝自己放弃，但我实在停不下来。不请自来，我要给流行的奶酪们写个快评。

切达

每天晚间在床上思念奶酪时，我第一个想到的就是切达。它是万能奶酪，用在哪儿都好，和汉堡、三明治甚至苹果派都很搭。我喜欢浓郁的切达，甚至经常去找超浓的，这个词意味不明，但越浓越好。我不理解淡味切达的存在，它就像没有酒精的啤酒，意义何在？

蓝纹奶酪

喜欢蓝纹奶酪是成年人的标志。儿时，父亲每次点蓝纹奶酪酱的沙拉，都会引得我与兄弟姐妹的退缩窃笑，"他疯了吗？"蓝纹奶酪需要后天的味觉培训，它不是我的日常之选，但也是最爱之一。很难描述我对蓝纹奶酪的情感，它是奶酪中的冰激凌圣代，头等舱的飞机餐应该用蓝纹奶酪装满水果杯，坚果太掉价了。我最喜欢的蓝纹奶酪是圣亚古珥（Sanit Agur）出品的白脱奶油蓝纹奶酪，圣亚古珥是蓝纹奶酪的主保圣人。

瑞士奶酪

瑞士奶酪就是奶酪中的柚子汁，没有人真心喜欢它，却也为某些怪人创造了尝尝难吃味道的机会。瑞士奶酪的味道不像是铅笔擦吗？也很像穿旧的脏袜子，不仅臭还有洞，如果把它挂在门把手上，那就是"生人勿进"门牌。[1]

布里干酪

我对布里干酪的热爱姗姗来迟，它的软包装到底能不能吃啊？现

---

1 美国习俗，当合租人有恋人来访，就在门把手上挂个袜子，告诉室友不要闯入。

在，我看一集《超级减肥王》就能吃掉三四轮布里干酪。奶酪是唯一的轮状食物，它是车轮之后最伟大的发明。

山羊奶酪

我勉强能接受山羊奶酪，它是健康奶酪（你相信吗？），但我对它的来源不能释怀。山羊？山羊就像是《指环王》里的角色，"那种永远不能吃的恶心动物，你对它的母乳做了什么！"

美式奶酪

我不想像南方小鸡[1]那样"辱美"，但我痛恨美式奶酪，痛彻心扉。我热爱祖国，但不能理解美式奶酪。"让我们用真奶酪重新组合成没有味道的奶酪吧，卖给那些喜欢糊状物且有自虐倾向的人。"作为一个有责任心的公民，我直面问题，并给卡夫[2]公司写了封信：

亲爱的卡夫，

祝您一切都好。我写这封信是因为美式奶酪，我希望您（求您）将它停产，它实在是太恶心了，简直令人反胃。

先申明一下，我是奶酪的超级爱好者，一个身体走形的中西部男人或许不该像我这样热爱奶酪，但我不在乎，我天性如此。每当拍照时有人让我说"奶酪（cheese）"，我就笑起来，光听到这个词就能让我快乐。红酒奶酪会于我而言只有奶酪；如果奶牛会说话，她们多半会说奶酪才是她们最引以为傲的产品（冰激凌太依赖糖了）。奶牛看上去就像吃了很多奶酪。

---

1 南方小鸡（Dixie Chicks），美国音乐组合，在美国拥有 3050 万唱片销售量，但由于政治立场的争议，为三人引来了辱美的骂名。
2 卡夫（Kraft），美国著名食品生产商。

我爱所有品种的奶酪，除了美式奶酪。美式奶酪是最糟糕的奶酪，好吧，我从来没尝试过猪头奶酪[1]，它听上去就很难吃，我对食用任何以身体部位命名的奶酪没有兴趣。坦白说，当我得知猪头奶酪不是真奶酪的时候，还是挺震惊的。卡夫，你不会认为猪头奶酪是奶酪吧？或者是某种用来侮辱无能公司老板的俚语？他们真把一罐猪头鲜肉叫做奶酪，这也太名不副实了！卡夫，如果我是你，我会以侵犯版权罪起诉那些做猪头奶酪的，它的发明者难道不会感到尴尬吗？"我姓海德（Head），想用自己的姓来命名产品。吉姆·加菲根真是刻薄，不过他颜值还行。"

无论如何，回到美式奶酪，那玩意只比猪头奶酪好一点，味道依然恶心。它吃上去都不像奶酪，用来包装的塑料皮都比它好。你们的广告说"每片奶酪中含有一杯牛奶"，那塑料皮是玻璃杯吗？熟食店中的美式奶酪区应该被封掉，它是冒牌货，混在真奶酪中间。

你们的奶酪只是看起来像奶酪，但并不是。为什么要对孩子撒谎？美式奶酪就好比包装里只有空盒子的假礼物，去年十二月，我就在商场入口处打开过一个。

你们必须停止生产美式奶酪，它是不爱国的。难道这就是美国的奶酪？发明了电话、汽车的伟大国家只有这种奶酪吗？每个国家都贡献了重要的奶酪，就算以难吃无味而闻名的英国，都有斯蒂尔顿蓝纹奶酪和切达奶酪，而美国就只有这个反光的橙色油脂凝胶片？

1　猪头奶酪（Headcheesse），其实是猪头肉冻，不是奶制品。

概括来说，美式奶酪无味、虚假，简直辱美。如果不能停产，请把它们改名成"基地奶酪"或"这不是奶酪"。我是不是太过分了？卡夫，我希望这封信不会让你不再来看我的秀，对我恨之入骨。

你的朋友

吉姆

顺带一提，卡夫那些混蛋从来没有回应过我，我是不是可以告他们啊？

其他类型的奶酪

素奶酪

总有人觉得，运用所有科技手段，我们可以做出可食用的非奶制品奶酪。然而看起来似乎连登月都可以伪造了，我们却还是造不出不像橡皮的素奶酪。吉妮买过的所有健康奶酪，都让我感到绝望。

凝乳奶酪

我不太清楚凝乳奶酪是什么，它们就像是奶酪中的饼干面团。无论如何，它听起来很不健康，还是加拿大国家珍宝肉汁乳酪薯条中的重要成分。威斯康星州有油炸凝乳，那是炸薯条与天堂的美妙结合。

奶酪喷罐

人们都想让做食物变得简单，没人喜欢"切奶酪"[1]，不管是"真切"还是"假切"，然而懒人如我都没到那种程度。曾经我觉得提供奶

---

1 切奶酪，Cut the cheese，俚语，意为说废话。

酪切片是一件十分可悲的事，但人类实在太懒，现在连奶酪喷罐都诞生了。"我喜欢奶酪，但吃奶酪太累了。打开、拿出来、切开，我还要上班呢，没那么多时间。我想吃一按就能喷出来的奶酪，我甚至还能用喷罐写字，偶尔我要给汉堡市长签支票，他只收奶酪支票。"

奶酪酱

奶酪酱（Cheez Whiz）是瓶装的，它是为那些懒得将变质奶酪扔掉的人发明的。于是我就纳闷吃一瓶奶酪要多久？"你要今年的奶酪还是十年前的？"瓶装奶酪其实让我吃了一惊，更让我震惊的是这玩意居然叫"奶酪酱"，我估计卡夫的研发者也没想到它会大卖。"人们在买奶酪酱！它们可是愚人节产品！"奶酪酱的名字像是恶作剧，"瓶装奶酪的想法还不错， Cheez Whiz，什么？"在卡夫决定产品的命名前，那些被否决的备选该有多糟糕啊？

老板："让我听听你给瓶装奶酪起的名字。"

雇员："叫喷奶酪怎么样？或者流奶酪？"

老板："我们需要一个更难听的名字，同时朗朗上口，过目不忘。"

雇员："奶酪酱？"

老板："聪明，就叫奶酪酱了。再给那个瓶装棉花糖酱起个名字。"

奶酪有不计其数的种类，大多数都花哨到我不能理解。与其在这里讨论那些剩下的，不如让我继续求索，以食代研。

饼干：成人的垃圾食品

饼干就是成年人的垃圾食品，有那么多饼干供成人选择，庆祝他们从薯片中毕业。当然，小朋友也喜欢饼干，我的孩子们就喜欢金鱼饼干[1]和安妮兔[2]，他们显然觉得动物形状的食品好吃一点。每当我吃金鱼饼干试毒时，我都欣慰它们没有腥味，而安妮兔吃上去也不像是真的兔子。随着我慢慢长大，我家不再供应金鱼饼干，或者换个直接点的说法，我妈不肯再买它了。小时候我总吃苏打饼干，会抓上一排一片一片吃，假装自己是在坐牢。从儿时起，我就想象力很丰富，食欲旺盛。现在，没多少人待见苏打饼干了，它们多半随汤附送，要不就是生病时才吃的健康食品。也许苏打饼干终有回归的一天，既然存在美食版的甜甜圈，就应该有美食版的苏打饼，"这是用喜马拉雅粉盐制作的古法手工苏打饼，十美元一块"。

十来岁时，我娘把家庭饼干升级成了利兹（Ritz），我觉得它比苏打饼更有档次，即使与利兹·卡尔顿酒店没有任何关联。我希望她买多利

1　金鱼饼干（Goldfish），鱼形奶酪夹心小饼干，花生米大小。
2　安妮兔（Annie's Bunnies），兔形奶酪夹心小饼干。

多滋（Doritos）、奇多（Cheetos）和弗利多（Fritos），当我提议时，她仿佛觉得我想搬家去穷白人才住的拖车公园。我娘是个有档次的女人，利兹饼干是她的菜，它不像薯片或苏打那么寒酸，但它还是饼干。偶尔我会和那些十来岁的朋友们出去玩，买奇士宜（Cheez Its）的奶酪小饼干。顶着饼干这个乏味的名字，奇士宜最吸引人的，是它表面那一层油腻的、能给你手指染色的不健康奶酪粉。有许多是我在家不被允许吃的垃圾食品，也有许多垃圾食品伪装成了饼干，至少听上去比薯片或泡芙健康。奇士宜教会了我饼干存在的意义：它们是奶酪的绝佳载体。

全麦纤维脆饼

作为成年人，我最喜欢的零食是奶酪和饼干。吉妮尝试阻止我奶酪配饼干的行径，她给我买全麦纤维脆饼（Triscuits），是含有鹰嘴豆泥的更健康的饼干。虽然比不上绝佳的奶酪，鹰嘴豆泥也还不错，它有多种口味，吃十七盎司鹰嘴豆泥没有吃那么多奶酪罪恶。事先声明，我吃全麦饼并不是因为好吃，只是出于吉妮的建议，它用磨碎的麦子制成，我常自我欺骗那里面都是空气。空气不含卡路里，什么东西对我的身体有好处，我就吃它个五倍。

作为一个深夜进食者，我几乎说不清自己吃了多少全麦饼，少说也有几十万片，希望那是个夸大后的数字。我仿佛在参加吃全麦饼大赛，吃够里程积分才能定期去夏威夷度假。通常我只在半夜吃那玩意，演出散场后回家，帮吉妮哄五个孩子睡觉，接着坐下来吃五盒全麦纤维脆饼。如果我在电脑前被谋杀，案发现场的照片中多半会有一盒全麦饼。近来，吉妮只买脱脂全麦纤维脆饼了，它和普通的味道差不多，只是吃起来缺乏罪恶感。

小麦瘦身饼，麦类中的瘦子

有吃全麦纤维脆饼的人，就有吃小麦瘦身饼（Wheat Thins）的家伙。每个人都有喜欢的汽水（可口可乐或百事可乐）、番茄酱（亨氏或汉斯）或牙膏（佳洁士或高露洁）；在全麦纤维脆饼的大家庭中，小麦瘦身饼更健康，因为它们更小更瘦（写在名字里），小麦含量也更高。吃全麦纤维脆饼的人和吃小麦瘦身饼的人应该有体型上的区别，前者更好看一点。

皇家礼遇：离国王最近的时刻

在一家高级餐厅就餐，往往是我们离国王最近的时刻。从一份精致的菜单上点餐，然后有专人制作，经由侍者端到面前，我们就像《唐顿庄园》（Downton Abbey）中的角色，不用自己烹饪，不用洗碗，只要坐着享受别人的服务。点红酒时，甚至瓶子都是侍者当场打开、倒在高脚杯中，以保证不会给我们下毒。我很少去高级餐厅，但我完全理解它们的吸引力所在。那里的每道菜也许都用了五条黄油，每一道菜都让人快乐，连一杯白水都十分迷人。在等主菜的时间里，我们能感觉到自己的重要性，此时我们也可以对食物品头论足，"你的前菜怎么样？我的有点肥"。你不能如此评判朋友的烹饪技术："我不喜欢这个鸡，我不会再来了，除非你老婆去上个烹饪班。"

高级餐厅的皇家礼遇，从你被女服务员或领班带到桌边时开始，领班是国王的保镖，美丽女服务员则是随叫随到的纯洁女仆。到达餐桌后，侍者向你问候致礼，他是你当晚的仆人。侍者通常会告诉你他的名字，而你是皇家人物，不必与他交换姓名。

侍者："（客气地）你好，我叫费尔，我是你今天的侍者。"

你："（高傲地）我要鸡。"

侍者自报家门时，我经常感到不安，我从来都不喊他们的名字，"我没水了，费尔？"侍者主动报上姓名是为了避免你叫他们别的，"侍者？奴隶？贱人？你的名字是费尔？"

接下来，你要决定哪些精致菜肴值得进入你的尊嘴。侍者把菜单递给你，然后开始介绍厨师特荐，就像宣布今夜的表演嘉宾：

"首先，小丑将表演可爱的……"

"我不喜欢，切下他的脑袋。"

厨师特荐总有一种特殊感，"今晚我们有酒烹法式焗鸡"，侍者会停顿一下，而我通常只是点点头，不知道该说什么，"跳过，下一个"。出于礼貌，我总是精疲力竭地装作感兴趣，心中却只想问："今日例汤是什么？一个特荐都不要。"特荐这个词迷雾重重，厨师在做特荐菜时难道会多花心思吗？"烹饪其他食物时，他不会投入任何感情？"如果那道菜如此值得推荐，为什么不把它列在菜单上呢？介绍完特荐，菜单呈上。它们形状大小各异，大多数时候都大得吓人，像是睡前读给孩子听的故事书："很久很久以前，山上住着一个高级肉排……六十五美元？太贵了。"在高级餐厅看菜单时，我实在手足无措，每个字我都认识，组合起来则一头雾水："这个大概是牛肉，那个大概是我不喜欢的绿叶菜。"

最后，点菜时刻到来，恐慌涌上心头。我像电话订餐时那样胆怯，但面对面时我更加紧张。万一我点错菜，得冒多大风险？怎么让吉妮点一些我喜欢的东西，并在就餐时分散其注意力，将食物窃入囊中？为了避免读错字，我只是指着菜单上的照片，"我想要这个和这个"。如果邻桌点了我想吃的东西，我就会毫无理由地改变计划，以免人们认为我是个不要脸的抄袭者，况且我也不想让厨师老是枯燥乏味地做同一道菜。侍者一直站在旁边，提供建议和咨询，"跑堂的，你都不认识我，怎么读出我的心思？我剪不剪头也由你说了算？陌生人，都听你的，你比我聪明。"有时侍者会强烈推荐某道菜，我则为从不点单而心存愧疚，"我知道你的想法，但我想点其他的，毕竟最后是我付钱。费尔，你怎么还不退下？"

与一帮朋友出去吃饭时，有时你最后一个下定决心。点菜时你不断告诉侍者让别人先点，到最后，侍者又回到你这里。然而你还是不知道点什么，朋友们看着你，好像你毁掉了整个夜晚。这就是我恐惧点菜的原因，为了在一秒内作出至关重要的决定，你脱口而出脑内出现的第一样东西，上来的却是蜗牛配鸡蛋。我失望地盯着它们："有人愿意和我交换吗？"

吃正餐时，主菜前还有一道前菜，它只是额外再吃一餐的借口。"让我看看，先要八十个水牛城辣鸡翅，你们有没有低卡的蓝纹奶酪？我不想热量太高。"向来自饥饿国家的人解释前菜会有点尴尬，"它是在正餐前吃的东西。不，你说的是甜点，那是饭后吃的。我们暴饮暴食，有时只能装在袋子里带回家，第二天扔了或者喂狗吃。"

大多数高级餐厅都会提供餐前面包，它是我每天的必备品，但不知为何，吃正餐时总会特别渴望它。面包突然变成了罕见的迷人美味，"我得想办法拿到方子带回家做"。我不知道这天才主意从何而来，点菜之前，你很有可能已经被免费面包塞饱了。

路人甲："你想让餐厅生意红火吗？给每人一篮面包。"

路人乙："饭后上吗？那样他们就能吃饱了离开。"

路人甲："不是啦，食客一坐下来就上。"

路人乙："他们会不会光吃面包就饱了？"

路人甲："当然。"

路人乙："那他们就会少点些菜。"

路人甲："正是。"

路人乙："那我赚的钱就少了。"

路人甲："别怕，相信我。"

路人乙："好吧，听你的。"

　　面包篮中的面包太好吃了，我都停不下来。数种新鲜温暖的面包陈列其中，"我得试试这个德国面包结，还得尝尝裸麦粉粗面包。也不能错过面包卷！"还有一种必尝的细面包条，你有多少吃面包条的机会啊？吃完一整篮，问侍者再要一份则令人难堪，"我可以多要些免费面包，并取消主菜吗？对，再吃点面包和冰水。你们这里还有什么免费的？都上来吧。"

　　大多数时候，我真的应该取消正餐，正餐上桌时我多半已经饱了。我总是在震惊中迎接主菜，"这是什么？这玩意儿值四十美金？现在取消是不是太晚了？吃甜点时顺带把它吞进去吧。"有时主菜要等很长时间，最终上桌时，还得小心它烫嘴的瓷盘。我很好奇餐厅是不是在等盘子出窑，"牛排已经好了，盘子还差几分"。在一些特殊场合，厨师会在你食用主菜时询问用餐体验，他穿着白色的空手道服，鹤立鸡群。这其实是一种极高的礼遇，毕竟他们放下手头工作，跑出来咨询客人的意见。喜剧演出时，我偶尔也会跟观众互动，"我的笑话好笑吗？喜欢就好。"以此类比，我与主厨的对话通常有些尴尬，你还能说什么？"它可以烧得更好，别担心，我还是会付钱的。"

在你咬了第二口主菜后，侍者就走过来问："我能向您介绍一下甜品吗？"这简直是谋杀，我已经一小时没饿过了。也不知道为什么，有时候没人愿意主动点甜品。一篮子面包加两道主菜下肚，你突然决定要节制饮食。经常有人想分享甜品，"你愿意分吃甜品吗？我们拼一个吧。"而当甜品上桌，人们又化身吸尘机，铲土机似的消灭它们。"我有颗甜牙，"不，你只是吃糖的恶魔。我喜欢甜牙这种借口，"难道是那颗牙点的单吗？甜品是从消化道出去的，你的肛门可能欠牙齿一个说法"。一切都是自欺欺人，没人真的需要甜品，但为了热爱甜食的朋友，我们一起享受甜蜜。谁是那个勇敢的主动者？"这顿饭不错，我吃饱了。你也饱了？那就上蛋糕吧。"

甜品和必不可少的餐后咖啡，为你提供了离开餐厅的能量，酒足饭饱后账单来了，侍者总是优雅地把它放在桌上，一副无可奈何的样子："有人让我把这个交给你。"账单通常放在一个皮夹里，像是什么精美的奖状，奖品是你钱包破产。账单总是最后才呈上，或许是因为你已经吃得太饱，无力逃离。

离开餐厅的时候，你还在惊讶账单上惊人的数字，"怎么能那么贵？我是吃了家具吗？"二十来岁时，我第一次外食付账，我刚找到工作，准备去吃顿高级的。那顿饭的一切都很完美，你与侍者的关系从"这个陌生人是谁"变成"他不是我侍者，而是朋友"，再突然跌落为"你就是我没钱供孩子上大学的原因"。账单到来，幻想破灭，你从王座跌落，沦为高级食物的另一个受害者。

平民待遇：演出间隙的糊口日常

当然，我大多数外食也并非是去高档餐厅。我经常赶时间或是在路上，只能去那些并不雅致的地方糊个口，找个能买食物坐下来吃的地方，站着也行。

家庭风

演出结束后，饭馆都关得差不多了，只剩旅馆对面的家庭风餐厅还在营业，而我实在不理解它们存在的意义。出门吃饭追求的就是餐厅风，家庭风总让我联想到一个穿着内衣的家伙，站在微波炉旁，"你要我光着做个热狗肠吗？冰箱中还有点中餐，那应该是我室友的。"

露天餐厅

我住在纽约的小意大利附近，人们误以为我们吃得很好，我实在搞不懂其中的逻辑。小意大利又不是食物救济中心，而且那儿的食物多数都不正宗，以骗游客为生，连老板都不是意大利人。为了营造正宗的假象，假意大利餐厅都会在街上放几个古怪的小板凳，伪装意大利人的阿尔巴尼亚服务员会问你"室内"还是"露天"，其实是鼓励你在新鲜空气中吃饭，仿佛这里是迷人的度假胜地。你多半会选择后者，假装在罗马当个罗马人；一旦入座，纽约版的露天就露馅了：你坐在街上吃饭，看着两个从长岛来的醉汉大吼大叫，欣赏无家可归者翻垃圾桶捡食。

食亭

食亭多种多样，通常供应非常普通的食物，仿佛刻意减少创意。不要误会，我喜欢食亭，那些小摊子、廉价咖啡、菜品包罗万象的塑封菜单都很迷人。"为了节省时间，你能不能直接告诉我有什么不卖的东西？"食亭菜单上的描述总是极尽夸张之辞，什么世界上最好吃之类的。我特别喜欢它们用演员头像装饰墙面："看来那些我从未耳闻的人也吃过这些平庸的东西。"

餐车亭

就是简易版的食亭，食客多了跟泥浆、雨水亲密接触的机会。

餐饮卡车

现代的四轮马车。我总觉得它是从大篷车队中走丢了，"我没跟上车队，只能边卖咖啡边攒钱，然后再去找他们"。餐车怎么能卖吃的，那可是辆卡车，直接供应食物实在吓人。如果打算给食客下毒，它们最有能力逃之夭夭，叫它们"毒完就跑车"更准确一点。

路边美食节

为了助长交通拥堵并堵塞餐厅的入口，很多美国大城市都会在夏天举行路边美食节。平时只有醉汉才吃的食物突然在光天化日之下售卖，清醒的食客们排着队，来花上几倍的价格购买。路边美食节就是不移动的游行，还对无家可归者很不友好。"对不起，我知道你只能住在街上，但我们正在举行派对，能把你的盒子、房子或者床往边上挪一下吗？谢谢。"

烧烤

有时你出门吃东西，可以不用付钱，我指的不是出席高档酒会或朋友的家庭聚会，而是受邀参加烧烤。烧烤聚会是夏日的传统，你不用知道召集人是谁，一旦气氛起来，每个人都会突然失去自控请来所有朋友，反正有的是吃的。按照惯例，人们会主动带些食物去参加派对，由于没有组织化的管理，热狗面包永远都不够，而美乃滋超量的沙拉上始终围着成群的苍蝇。大家都喜欢室外烧烤，但对我来说，那只会让食物吸引更多昆虫。我窃喜于一阵狂风吹起土豆沙拉，沾得所有人一身的混乱，但室外烧烤要是在室内举办就更好了。我是个男人，男人本该喜欢室外烧烤，但在室外进食、烹饪甚至待着，都让我疲惫——我实在不想站那么长时间。

国际朋友：亚洲食物一瞥

民族食物是个相对的概念，德国人不会认为德国菜是民族食物，民族或许是异域和不熟悉的代名词。我成长在印第安纳州的一个小镇，父亲最喜欢的一家民族餐厅叫做乔瓦尼[1]，它们的意大利面和奶酪鸡肉充满异域风情。我是吃奇迹面包[2]长大的，那可能是最白的白面包，老实说，我都不知道它是不是面包。我不认为面包是可燃物，或者能用来卸妆。反正我认为，大多数食物都是某种民族食物。

亚洲食物

亚洲食物对世界百分之六十的人口来说就是家的味道，但于我而言它们来自五湖四海，带着异国情调，光怪陆离。显而易见，亚洲那片广阔的土地上，有着数不胜数的文化和不计其数的风格流派。用极少的篇幅来描绘亚洲食物简直难于上青天，不过这本书的名字不是《食物大

1　乔瓦尼（Giovanni's），20世纪50年代至今的意大利餐厅，在印第安纳州的明斯特镇。
2　奇迹面包（Wonder Bread），1921年创立，1930年时做出了美国最早的切片面包。

全》，我无法全部概括。以下是我爱的亚洲食物。

泰国菜

无可非议，泰国菜是最好的亚洲菜。恭喜你，泰国！一个身材走形的白人胖子将谈谈地球另一端的国家，佛陀如此平和发福，也许就是因为泰国菜。来自泰国的美食实在太多了：泰国炒粉、玛莎曼咖喱、成堆的好东西，还有菜单上我叫不出名字的。泰国菜里的豇豆甚至都很好吃！它融合了甜、酸、辣，辣得简直完美。要是生活在泰国或者泰餐厅附近，我无疑会是个胖子。等等，我就住在一个泰国餐厅附近，我找到自己肥胖的理由了。

印度菜

我完全同意印度教的信仰，牛是神圣的。用牛肉作为食材的印度菜很罕见，感谢上帝，我不是印度教徒！毋庸置疑，印度菜是世界上最好的无牛肉菜系，不用牛肉做菜对我来说就是不可能完成的任务。印度菜要么太辣要么超级辣，这也是它们提供无数种好吃面包的原因，配着大量面包，就可以吃下超级辣的食物，我从心底佩服这种想尽办法吃面包的文化。

韩国菜

我对自给自足式的餐厅无感，法吉它卷饼[1]就是墨西哥菜中的宜家，居然要我自己把肉放到饼上。不过我依然热爱韩式烧烤，韩餐馆就像没有扔菜刀表演的自助红花铁板烧。[2]

中国菜

墙上挂着芝加哥熊队的海报，没有一个员工有中国血统，这就是我

1　法吉它卷饼（Fajitas），墨西哥烤肉卷，需要自己用饼把肉包起来吃。
2　铁板烧有表演成分，就是作者说的"扔刀"。

家乡的中餐馆，相比之下，我都像个中国菜专家。有人推测，吃完中国菜后一小时你就会饿，这简直是个笑话，我无论吃什么，一小时之内都会饿的。

我家住在纽约的唐人街附近，这里的中餐馆跟北美的其他唐人街一样，门口放着有活海鲜的水缸，我经常望着里面的龙虾和螃蟹，看它们游弋在浑浊的水中，思索这家店究竟是想让我走进去，还是在请这些海洋怪物守门。反正我是被吓到了，吓得在中餐馆胃口大开。我很景仰中国人，他们不仅什么都吃，还能把看上去很恶心的东西做成人间美味。最好的例子就是牛尾汤，这玩意听着就不像前菜或冷盘。"你没吃过完整的牛吧？要不要来点牛尾？就是牛屁股上甩来甩去、赶走苍蝇的那个鞭子。我把它放在深色的汤中，让你找不出来。听上去挺不错的，是吧？"

中国菜是最容易点到外卖的民族食物，简直风驰电掣。我还在和中餐馆打电话的时候，它就已经到了。"是的，我想要……它已经到了，你怎么知道我不要别的？"中国菜就是准备起来最快，而吃起来最慢的。

在餐前准备好银餐具的中餐馆更得我心意，没什么比用筷子失败后，问服务员索要刀叉更丢脸的了。"我太白了，你看到那边的铁铲了吗？我不会用筷子，我想用那个吃饭。"筷子很不错，但我更想专心吃东西，而不是表演"手术"。中国人常用筷子，俄国人则用刀叉，我好奇的是，在两国边境小城，他们会交换餐具吗？边陲小馆也许会混用它们。我猜两帮人互相处不来："我不要和用刀叉的野蛮人一起吃饭！"一场因餐具选择而起的罗密欧与朱丽叶正在酝酿之中。

我很尊重中国人，中国有着惊人的文化，按照推测，他们三千年前就能做大脑手术，却至今都没搞明白甜品。中餐馆菜单有无穷的选项，却没有真正的甜品。那些装修奇特的馆子里提供的小包子和薄荷烟味抹茶冰激凌除外，我说的是那些普通常见、只能提供两种甜品的中餐馆。

第一种是切好块的橙子。"我不想太麻烦厨房……橙子？加勒比海上还帆船横行吗？看来我们的坏血症有救了！"另一种选择是签语饼，它根本不是中国货。签语饼是美国人[1]发明的，中国人对此一头雾水，从没吃过；美国人则将其误认为东方文化的标志。照我说，签语饼里的幸运签应该这么写："你正在食用过期饼干，祝你幸运成真。"似乎不存在新鲜的签语饼，"这玩意是什么时候做的？1984年？还能再放几年。"人们对签语饼的偏见消失得奇快，从嘲笑其古怪迷信到反悔只要几秒，"饼干中的古老智慧可以为我们提供人生指导，这些小纸条是孔夫子亲自在迷你打字机上写的：幸福是长久的旅行……还要放几个数字，17，38（看手表） 12……"我实在为签语饼的发明者感到遗憾，他一开始可能还挺自豪的。

　　烘焙师："你一定要尝尝这种新饼干，怎么样？"

　　品尝者："好的。（咀嚼中）你知道这玩意该怎么用吗？放张便条进去正好，比如说祝你好运或饼干菜谱。"

　　烘焙师："那我该卖多少钱？"

　　品尝者："我会和账单一起送上桌，你有吐东西的简吗？"

1　其实是在旧金山的日本人发明的。

快餐：我的长期拍档

随着我们慢慢长大，快餐店在心中占据的地位一落千丈。童年时期，那儿是你最喜欢的地方，麦当劳和汉堡王就像玩具店或迪士尼乐园，是孩子们的吸铁石。明亮的颜色，炸得酥脆的薯条，还有室内的小游乐园，点儿童餐还有免费的玩具，我乞求在麦当劳举行九岁生日派对也没什么稀奇的。然而成年后，快餐便沦落为便捷、平庸、非常不健康的食物。快餐店仿佛我们的前任，开车路过时都不忘数落两句："真不敢相信我去过那里。"然而数晚过后，你又站在前任家门口："夜深了，我喝醉了，让我回忆一下往昔的快乐吧！"作为一个尚未喝醉的成年人，吃快餐有点尴尬。我们弓着背坐在餐桌前，匆匆忙忙往嘴里塞餐食，好尽快逃离现场，免得被人认出。如果快餐店有滑雪面具卖，它的销路大概比薯条还好，"不要告诉我老婆我的行踪！"

大多数餐厅会刻意营造一种气氛。法式餐厅通常会有个古雅的小花园，意大利餐厅能让你穿越到托斯卡纳，而快餐店宛如精神病院。明亮的灯光、漂白粉的气味、雇员们脸上的笑容、绑架受害者似的服务；餐桌等用具都是用螺栓固定的，"那些店员估计怀疑八成食客都想顺手牵羊"。快餐店几乎是在重建《飞越疯人院》(One Flew Over the Cuckoo's Nest)的场景，附赠供应奶昔。快餐店应该让每个食客都穿病号服，也不需要提供餐具，用纸包起来就行，以免我们伤害自己。

快餐商家知道快餐爱好者进门时都鬼鬼祟祟，更不希望被瞧见进食，汽车餐厅就应运而生了。"你把车开到后面，我从窗口把食物递给你，你可以在自己的车上吃。天知地知，你知我知。"汽车餐厅点单十分便利，美中不足的是，必须伸长手臂才能拿到食物，"你能把店挪得离我的车近一点吗？"

当然，快餐的种种发明都是为了便利，某种程度上，它们甚至破坏了我对常规餐厅的认知。

我："让我想一想，我要一个奶酪汉堡，（拍菜单）东西呢，怎么找不着啊？"

待者："先生，您要的汉堡要怎么做？"

我："现在做，东西呢？"

待者："我会把你的要求告诉厨师。"

我："能不能让厨师把汉堡用纸包起来？就像打开礼物那样。或者放在掀盖的泡沫塑料盒里，摆得像个结婚戒指。然后我们就可以模仿《风月俏佳人》了，你觉得呢？"

作为一个去了一辈子快餐店的人，我得出一个结论：任何能够快速制作的食物全都对身体有害。所有八岁以上的人都知道，吃快餐是一种自杀行为，我至今都在期待安乐死汉堡问世。快餐店常客多半并不关心自己的健康，最近的相关政策（或者法庭命令）都在要求公示食物的营养成分，这也无济于事。"炸薯条什么时候开始变成不健康的食物了？"

快餐店的食物太不健康了，把奶昔当饮料也不足为奇。"这不健康，但我要奶酪汉堡和炸薯条，饮料要可以用吸管喝的冰激凌。顺便问下，你们有心电图机吗？"

寻找好汉堡：到底谁是汉堡之王

汉堡和薯条是快餐的必备，它们撑起了麦当劳、汉堡王和温娣那样的快餐帝国。有些快餐店居然不卖这老两样，真是怪胎。塔可钟（Taco Bell）有句口号，乞求我们"想想面包之外的东西"；赛百味莫名其妙的成功居然建立在汉堡薯条之外，作为补偿，"吃新鲜的"（Eat Fresh）算是有创意的道歉。

麦当劳

我喜欢标榜自己是麦当劳常客，事实上，我夸大的次数比真正造访的还多，我只是乐于欣赏人们的反应。有时会是令人震惊的沉默，有时他们会大叫"怎么可能？"，像是我支持斗狗似的。大多数时候，人们会傻笑着说："其实我也没比你好多少。"没人会承认自己常去麦当劳，这种浮夸的吃惊便应运而生。麦当劳一天要卖掉六十亿个汉堡，而这个国家只有三亿人，我不是微积分老师，但一定有谁撒了谎。

走进麦当劳时，我的头上总会升起一朵愧疚的云，我的脑中会出现某种蜂鸣，像是打游戏时按错了键，"哔——成人失格！"在麦当劳中碰到熟人简直就是灾难，勇敢如我会躲到垃圾桶后面，却总是露馅。我的朋友们好像从不去麦当劳觅食，"我是来找取款机的，吉姆，你在干吗？"为了避免尴尬、丧失尊严，我往往也会否认来这儿的真实目的："我在等皮条客呢，他应该到了呀！"

麦当劳无疑对身体有害，新闻文章与纪录片都传达着同样的信息：M记食物高脂肪高热量，肉也来路不明。每次看到这样的消息时我们也深表同意，甚至觉得再也吃不下了，但转身就又一口口咬下多汁的巨无霸。商家否认大众对它们的不健康指控，食客们倒满不在乎了。麦当劳就是心脏病的赌场，赌注是打败赌场的可能性。"好运来了！我押双份巨无霸，再押消化系统。"走进红黄背景配巨大M字的大堂时，没有一个人是无辜的。

装傻的人："这是哪里？图书馆？真惊喜，这是麦当劳？来都来了，点份炸薯条吧。"

在麦当劳不点薯条难比登天，它们是那么的美味诱人，让我不得不找各种借口贪嘴："这么细的小棍，能有多少热量？"薯条面前，家庭食物望尘莫及。你们母亲做过比薯条还好吃的食物吗？哪怕水平相当也行。神志健全的成年人不会暴食薯条，因为它永远吃不够。饱食后，人们总是一脸迷惘，他们左看右看，寻找凭空消失的薯条。"发生了什么？"他们自言自语，在袋中寻找碎粒，偶尔能兜底找出一根漏网之鱼。点苹果派时，袋底也可能有中奖薯条，它是你种种善行的回报。耶稣在天堂中决定："你知道吗？多给他一根薯条，他会继续做好事的。"中奖条从来都不是常规尺寸，它长得过分。"刚才你去哪儿了？你值得配一整包番茄酱。"闻着最后的薯条，你不舍得吃它。"别管我，让我与它缠绵……"麦当劳的薯条转瞬即逝，大约八分钟后，它们就会变成某种无法降解的可食用冷鞋带。我们都犯过在微波炉中加热薯条的错误，它们变成了糖衣花生那么硬，但这也阻止不了我的食欲。

麦当劳的薯条不能放冷，同样，奶昔也不能放热。有一次，我忘了吃到一半的巧克力奶昔，放在室温中一小时后，它不再是奶制品，而是恶心的巧克力黏液。不过当我喝完时，我也已经习惯了。

麦当劳有很多有趣的招牌产品，最奇怪的是麦记肋排堡，那里面压根就没有肋排。过度处理的猪肉酱被做成肋排的形状，裹上烧烤酱，再加两片腌黄瓜。它的名字到底从何而来？那肉饼都可以做榻榻米了，肋排堡似乎只是麦猪肉或麦床垫的替代品。除开名字和形状，麦肋排还自带一种今天上架明天下架的气场，就像我行我素的流氓家长，绚烂登场，悄然撤退。

儿童对麦当劳有一种奇怪的执念，即使从没去过那儿，看了广告就想去。没人能读懂其中神秘的联系，大多数孩子第一句完整的话就是"我们能去麦当劳吗？"。他们对那儿的爱与生俱来。"这孩子的眼睛像妈，对麦当劳的爱像爸！"

等我长大，我已经习惯了麦当劳的软冰激凌，在第一次吃到真正的冰激凌时，我甚至感到失望。"味道还行，但太硬了，它是怎么从蛋筒机里挤出来的？难道不会将机器塞住吗？"麦当劳对孩子的影响无穷无尽：小丑、乐园、婴儿室的色彩，当然还有开心乐园餐。它们把孩子变成怪兽，居然还叫开心乐园。"我们能去麦当劳吗？能不能？先干别的，之后可以吗？"吃开心乐园餐时，孩子们能得到一个免费玩具，在家中长大的我连餐巾纸都没得拿。这种虚假的附赠简直毒害儿童，旧金山曾经判定开心乐园餐违法，这个决定引起了强烈反弹，父母不幸失去了用麦当劳诱导自己孩子的权利，孩子也失去了吃麦当劳的自由。孩子们对麦当劳的痴迷令人毛骨悚然。"小家伙们，到这里来，麦当劳叔叔送你个玩具。"我的孩子们真心想要那些鬼玩意，旅行途中，他们乞求开心乐园餐，然后将食物丢在一边，真是"免费"玩具！

基于儿童对麦当劳的痴迷，拉个小丑做代言人也就不足为奇了。他在嘲弄我们，嘲弄消费者。

> "我们的代言人应该是谁？汉堡王有个国王。"
>
> "无所谓，那些傻瓜无论如何都会来的。"
>
> "老鼠怎么样？"
>
> "不要老鼠，太可爱了，有什么比老鼠更能吓到小孩子的？"
>
> "巫婆、小丑、天气播报员……"
>
> "来个天气播报员风格的小丑吧。"

麦当劳曾经有一群吉祥物，汉堡神偷[1]、奶昔大哥[2]、汉堡市长[3]以及其他，奶昔大哥的表情至今成谜，也许是在模仿大家吃完麦当劳后的神情。不管怎样，其他所有吉祥物都消失了，只剩下麦当劳叔叔，我们该向奥丽薇亚·班森[4]侦探报案了。也许它们有个吉祥物清除行动，最后麦当劳叔叔赢了，像天命真女[5]那样发生内讧也很有可能。麦当劳叔叔一炮走红，M记的娱乐主管如此断言："奶昔大哥、神偷、市长，你们都不

---

1 汉堡神偷（Hamburglar），穿着黑白间条衣服、眼绑黑带的人物形象，麦当劳吉祥物。
2 奶昔大哥（The Grimace），番薯形状、全身紫色的人物形象，麦当劳吉祥物。
3 汉堡市长（Mayor McCheese），麦当劳吉祥物。
4 奥丽薇亚·班森（Olivia Benson），美剧《法律与秩序：特殊受害者》中的主角。
5 天命真女（Destiny's Child），少女音乐组合。

错，我喜欢你们，但有麦当劳叔叔就足够了，未来的某一天，我们会再次相遇。"

抛开小丑们不谈，真正吸引我们的是麦当劳本身。麦当劳的广告当然不真实，它们从来不展现人们吃完垃圾食品后的样子，"我要来根香烟，我撑不住了"。除开薯条的诱惑力，可控性和熟悉度也是我们频繁拜访麦当劳的原因，你事先就知道要花掉的钱与时间，甚至明白吃完后的副作用。可怕的特惠也是助推力，"两元一对巨无霸"，开车路过时我为之驻足，总要买上八个。我们被大富翁般有去无回的促销游戏勾引，"我拿到停车卡了，离下一档只缺六十三张，没准我还能赚点钱！"奥运会的时候，广告说吃麦当劳有机会赢取免费食物，同时还能支持美国队，这是参加垃圾食品的十项全能吗？甚至有广告是人们在圣诞树上悬挂麦当劳礼品券，仿佛是要送给耶稣。十岁的圣诞节，我就收到过亲妈给的礼品券，她大概是没兑到自动售货机："圣诞快乐，这是你的毒药。"在美国陷入全民肥胖前，麦当劳就发明了礼券，我可没说 M 记是肥胖症的成因；不过仔细想想，时间如此巧合还挺可疑的。彼时，小孩子还能给圣诞老人送礼品券，宛如纯真年代；现在时过境迁，我们会给圣诞老人送健身卡："给食物成瘾者送麦当劳代金券，你这是在谋杀！"

读到这里时，你们一定会这么想：白皮废物，我可不吃麦当劳。我甚至有朋友炫耀自己从不去 M 记，麦当劳才不欢迎你这种垃圾。佯装高人一等的家伙惹人生厌，你没去麦当劳，但也有自己的替代品。不吃巨无霸，你读《美国周刊》；你说星冰乐不是奶昔，还看《大城娇妻》（The Real Housewives）。它们都是"麦当劳"，灵魂的"麦当劳"：短暂的快乐伴随无限愧疚，最终导致癌症。人人的麦当劳供应方式不同，我们要花十年消化吃下去的巨无霸，由此产生永久的妊娠纹。从某种角度看，我们生活在快餐社会中，每个人都能说出三个珍妮佛·安妮斯顿的约会对象，薯条成瘾似的关心八卦，"她现在和谁约会，怀孕了吗？斯嘉丽·约翰逊剪头发了？与我无关，但真好吃呀！"顺便说一句，如果你关心英国皇室，那你是在吃汉堡王，它与美国无关。

我沉浸在麦当劳引发的众怒中："你们的食物没有营养价值，没有维生素！"麦当劳也许会如此回击："汉堡和炸薯条又不是农贸市场里来的，我们的吉祥物从 70 年代起就是恋童癖小丑，美国人，你们在想什么？"面对麦当劳，我们就像是埋怨父母的荷尔蒙过剩青少年："我恨你，太恶心了！什么时候开饭？我朋友要来！"去麦当劳就像是出席家庭聚会，一开始你兴致勃勃，幻想美妙体验；等到达目的地，便开始怀疑自己出现的意义；最后从聚会地开车回家时，你真想杀了自己，"我居然和那个小丑同屋进食！"

我们不应该如此忘恩负义，没有麦当劳，人们都不知道早餐该在什么时候结束，我会白痴似的在下午五点吃鸡蛋。没有三叶草奶昔，我们怎么知道圣帕特里克节到了？[1] 是谁养活了心脏病医生？衷心感谢，麦当劳，我们不能没有你！

汉堡王

聪明的瘦子们错过了汉堡王中的可怕食物，汉堡王的名字简直是个讽刺，麦当劳才是汉堡界的真正王者。汉堡王的粉丝们也许会强烈反对，但他家究竟在想些什么？我对快餐要求不高，但汉堡王甚至连标准都达不到。在准备菜单时，它们大概如此设计："不行，太好吃了，需要大幅降低口感。记住我们的口号：不像麦当劳那么好吃！牢记于心！"

1　圣帕特里克（Saint Partick），爱尔兰的守护神，代表色是绿色，在节前节后，麦当劳会卖一种绿色的奶昔。

最近，专卖汉堡和薯条的汉堡王推出了炸薯条汉堡：夹了薯条的面包。这个概念来自我很喜欢的地方小吃，但在快餐连锁店里卖这个就显得太没创意。它是以为我们多懒啊？每个快餐消费者一生中至少有一次，会把炸薯条夹进汉堡，通常是在他们八岁的时候。那不是什么值得自豪的时刻，至少我们不会花数百万美元广而告之炸薯条汉堡是个创新产品。下单炸薯条汉堡时，你还收获了额外的耻辱，自由选择食物的自由是回到八岁的自由。

温娣汉堡

如果麦当劳是汉堡之王，那温娣就是弑君者。温娣汉堡永远是我的最爱，它是高端麦当劳，是以快餐为名的真正饭店。它们有沙拉吧、牛肉酱、免费饼干，还有新鲜而永不冷冻（也许）的牛肉糜。也许是被古法手作的口号吸引，那个甜美的红发姑娘看着我，"我也是白人，我们是自己人，进来尝尝家的味道"。温娣是我追求不到的女人，她有美味的雪霜，就像《纳尼亚传奇》中充满危险的白女巫。盛放在杯子中的雪霜如此稠厚，仿佛六个融化的冰激凌球，好吃到瞬间冻住你的大脑，导致雪霜头痛。温娣是最棒的，路过温娣时我会后悔自己吃了上一顿，进去点个双层肉饼汉堡吧。

白色城堡

有些人嘲笑白色城堡（White Castle），"有些人"其实就是所有人。白色城堡简直是喜剧的活靶子：最著名的迷你汉堡，还有跟厕所同名的缩写 WC。麻袋是白色城堡的计量单位，吃完汉堡后，你还能把自己装进去。你可以点一麻袋迷你汉堡、一麻袋鸡肉圈、一麻袋蛤蜊酱，还有一麻袋鱼蛋。我描述的可不是《海绵宝宝》中的蟹堡王，白色城堡的菜单上真有这些东西，甚至还有莫名其妙的苹果酱。苹果酱大概是现榨的，用的就是做蛤蜊酱的机器，白色城堡，你们该出台清洁法规了。想吃苹果酱？那就去白色城堡吧，应该有不少人跟我有一样的想法。

最近，我去纽约宾夕法尼亚车站旁的白色城堡吃了次午饭，我可不在乎健康长寿。数十年没去白色城堡后，它们居然还健在，甚至在白天营业。我本以为法律规定白色城堡只能在酒吧关门后的凌晨营业，人们只有酩酊大醉时才会造访。宾州车站的白色城堡还提供座位，我从来没见过有座椅的白色城堡，它们故意这么设计，免得迷你汉堡[1]滑倒伤人，真吓人。

还有许多其他快餐连锁，让我们快速浏览一下：

In-N-Out：加州的 Shake Shack，迷人的快餐汉堡，广受明星大厨和英俊的我欢迎。所有供应野兽风（芥末调味）汉堡的地方，都拥有魔法。

Steak n' Shake：这家不错，起码名字起得好。

Jack in the Box：你必须钦佩它们给汉堡酱起名杰克的勇气。

Roy Rogers：罗伊·罗杰斯是美国最受欢迎的牛仔歌手，但在我眼里，它只是家比汉堡王还令人失望的快餐店。

Sonic/Rally's/Checkers：适合外卖。

Whataburger：得州的卡乐星。

卡乐星：西海岸的 Whataburger。

Hardee's：南方的卡乐星。

---

1 白色城堡卖一种小的汉堡，名字叫"Slider"，与"滑块"是同一个词。

塔可钟：墨西哥速食先驱

墨西哥菜味道完美，地位不容忽视，但令人震惊的是，墨西哥快餐连锁却很少。一打 Del Tacos 中才能出一家 Chipotle，当然，塔可钟才是墨西哥快餐的先驱。

塔可钟

请专家代言的广告不怎么讨我喜欢，大家都知道，塔可钟的代言人是条狗。塔可狗会用西班牙语说"我喜欢塔可"。找到一条会说西语的狗很酷，但作为代言人它毫无吸引力，狗什么都吃，甚至吃自己的呕吐物。我永远不会忘记塔可狗的死讯，那是由 CNN 宣布的，当时我真心觉得新闻业完蛋了。

塔可钟会想方设法把人骗进门店，准确地说，它的门店就是一个有微波炉的房间。塔可钟的零售店不负责烹饪，它们只负责重新加热和组装，功能等同于办公室的茶水间。曾经甚至有广告宣传塔可钟有塑身功效，[1]它的理论依据大概是：吃过一次塔可钟，你再也不想吃第二回。如果你真的靠吃塔可钟减了肥，那你需要解决的可就不止体重问题了。

---

1 Taco Bell Diet，塔可钟塑身法，是美国雪橇运动员 Chris Fogt 使用的方法，据他称练出了四十磅肌肉，常人是做不到的。

三明治店：快餐业的后起之秀

如今，三明治店从竞争激烈的快餐业中脱颖而出，它们档次各异，从潘娜拉面包店[1]到飞船三明治[2]，不过要我选的话，还是汉堡和薯条好一些。

有两家三明治连锁值得一提：

赛百味

赛百味是熟食店中的麦当劳，它是家三明治快餐店，把自己定位成汉堡和薯条的健康替代品，但对我毫无吸引力。一开始，我还挺信任赛百味的，它们的口号是"吃新鲜的（Eat Fresh）"，然而咬下一口，健康承诺似乎就存疑了。大城市中，赛百味无处不在，没有赛百味的街区非常罕见，走路时你总能闻到面包的味道。也许这就是脏洗碗机烘烤出的面包香，它引起的究竟是我的食欲，还是对臭氧层被破坏的环境担

1　潘娜拉（Panera），一家总部在密苏里圣路易斯的烘焙和咖啡连锁店。
2　Blimpie，创始于新泽西州，其标志是只飞艇，故译"飞船三明治"。

忧啊？

即便如此，我还是会去赛百味。看一个被确诊抑郁症的病人为我组装三明治不是什么乐事，不过那可是当面组装，这还是要点天赋的。我并不指望赛百味的服务员是个热忱的红花铁板烧厨师，然而他们漫不经心摔打食材的动作总是令人尴尬。我就站在那儿，希望那个打着喷嚏、戴着塑料验尸手套的家伙永远别转身。塑料手套简直太可疑了，天知道这副手套已经用多久了。"这家伙点了什么？撕开垃圾袋，拿掉这些打过海洛因的针头。你要哪种奶酪？"连老鼠都不要吃赛百味的三角奶酪，如果你喜欢融化的口感，他们会帮你在满是碎屑、来路不明的烤箱中加热。赛百味的烤箱让我迷惘，这真的是家餐厅吗？

赛百味是社会愈发懒惰的另一个证明，我能理解汉堡和薯条的盛行，谁有时间做汉堡或家里有油炸槽？但我们已经懒到请人做三明治了？"我能在家花20美分做一个，也可以请这位精神病为我服务。"客观地讲，赛百味的员工并不是反社会，但他们握着火焰喷射瓶，眼神中流露出玩世不恭。"在我的祖国，我曾经是位大法官，你要来点圣达非酱[1]吗？"（挤酱料的声音）

在被吐进塑料晕机袋前，赛百味的三明治还要经历好几个步骤。第一步，你必须选择面包的颜色，因为所有面包的味道都差不多。"我是要全麦色还是意大利色？"选好面包，你还得指定夹心，赛百味把免费弄得十分隆重，"免费生菜？不可能！你们不付房租吗？还指望提供免费餐巾纸？"免费蔬菜只是为了转移视线，以免我们过度介意肉类的价格，我甚至问过店员，那馅是鸡肉还是放了很久的火腿。对于无人问津的肉，赛百味也很小气，肉是预先切好分开，就像黑社会老大发钱似的：

---

1 圣达非酱（Santa Fe sauce），主料是美乃滋和黄油，有辣椒粉和孜然。

"给你三片火腿，对自己好一点，别说我什么都没付出。"

赛百味和其他餐厅一样永远都有刺激消费的折扣，我真希望"五美元一英尺（foot）"这句话能从我脑中永远消失。虽然我也贪便宜，但脚最好还是离食物远一点。有人告诉我赛百味还有汽车餐厅，它们是怎么操作的啊？

赛百味店员："先选一个面包，往前开六英寸；你要什么肉？再往前开六英寸。生菜？洋葱？烤一下？在前面掉个头吧，然后重新开进来。"

你喝过赛百味的汤吗？我说的可不是吞拿鱼沙拉。我常在赛百味吃那玩意，他们用勺子把鱼舀在面包上，背后巨大的金属浴缸里有白色的汁液，就像吞拿鱼版的西班牙凉菜汤，看着很开胃。我喜欢问他们讨一杯吞拿鱼水，或者直接带根长吸管。我是不是触碰谁的底线了？"他居然喝吞拿鱼水！我未婚妻对吞拿鱼水过敏，这一点都不好笑，我被冒犯了。"

赛百味健康的形象，很大程度上得益于减肥成功的代言人贾里德·福格尔[1]。我们都知道那个故事，贾里德减肥成功是因为只吃赛百味，那他之前都吃些什么？一叠甜甜圈？贾里德人见人爱，他面相和善，但我们都偷偷希望他能再胖回来。"打拼不易，贾里德，吃个汉堡吧！"赛百味是如何处心积虑地让贾里德保持身材的啊！"这是跑步机和新的泻药。你不介意我把这箱减肥药在这儿暂存几年吧？"然而贾里德一成不变，他做了那么久赛百味的代言人，新生代都没见过他胖胖的样子。我十岁

---

1 贾里德·福格尔（Jared Fogle），赛百味代言人。

的侄子甚至以为贾里德是赛百味的老板，我解释道："贾里德曾经是个大胖子，吃了赛百味后，他变瘦了。"连我侄子都觉得这是胡说八道。我并不质疑贾里德的减肥成果，我只是怀疑在这十五年间，时间凝固了。我为全美所有与贾里德重名的家伙感到遗憾，其中一定存在因此想要改名的人。

当然，贾里德不是靠吃赛百味瘦下来的，他从每天吃汉堡薯条变成每天吃赛百味，相比之下，赛百味还挺健康。"让我先跑个步，之后去赛百味吃肉丸三明治。"认为肉丸三明治是汉堡的健康替代品，我们简直太盲目了。它不是用五份汉堡肉和一个夹肉丸的面包做成的吗？

赛百味的账台后面总是有扇开着的门，那里面还有个后间。我知道那不是厨房，因为它们的烤箱就是厨房。贾里德是不是就在那个房间里，像奥兹博士（Dr. Oz）那样偷偷运作着赛百味？"我是伟大有力的贾里德！"也许那个房间是让店员们躲避健康部检查用的……记住，吃新鲜的！

阿比三明治[1]

阿比三明治以烤牛肉著称，它们的帽子商标令人迷惑，难道它们的三明治都是帽子味的？人们打赌输了才会吃帽子：赌阿比的烤牛肉是否货真价实。

我不确定阿比的商标上到底是什么，它应该是顶牛仔帽，它们用烤牛肉三明治当招牌，这是合理推理。阿比想通过这顶帽子，告诉大家牛肉是真材实料的。一脉相承，阿比还提供一种叫马儿的酱料（大概就是

1　阿比三明治（Arby's），美国第二大三明治连锁店，创始于俄亥俄州，现总部在佐治亚州。

辣根酱），但快餐店最好还是别与马肉有所关联。

阿比就像是其他快餐店的表兄弟，那个你从没见过的怪胎。"咦？原来你真的存在啊？"我喜爱牛肉和切达奶酪，但阿比的实在没法打动我。你永远不会听到这种话，"我是在阿比遇到他的，他品味不错。"大半年前，阿比用一个会说话的烤箱手套换掉了牛仔帽，也许是为了强调烤箱烘烤，增强牛肉的可信度。不幸的是，新吉祥物让大家都去买汉堡帮手[1]了，所以阿比又用回了牛仔帽。也许下次它们可以试试马鞍，跑起来，马儿！

---

1 汉堡帮手（Hamburger Helper），通用磨坊公司出品的一种盒装通心面。

炸鸡：为群鸡乱舞鼓掌

肯德基

炸鸡对身体不好，你只要在餐巾纸上放块炸鸡，就会亲眼看见纸巾变湿，由此可见一斑。应该不会有人觉得在肯德基点一桶炸鸡是个健康的决定，任何以桶为单位的食品都不可能健康。归根结底，桶是用来喂农场动物的，"我要一桶炸鸡，一地窖百事可乐，还要一缸泔水。无糖的。"为了健康考量，公司将肯德基缩写成了 KFC，它们不止卖炸鸡，还卖不属于炸鸡的"健康食品"。比如重磅肉霸堡[1]，那奇怪玩意用两块鸡肉饼代替了汉堡面包；还有鸡米花，它也叫古法小零食，基本就是炸鸡的边角料。我觉得把它当作早餐麦片来卖，都比算进正餐要名正言顺。

肯德基最成功的产品应该是新推出的超级碗土豆泥，我不知道它为何成名，但肯定不是因为健康。"我们卖的所有东西都不健康、令人失望、味道一样，那为什么不把所有东西放进泡沫塑料碗呢？"超级碗就

---

1 重磅肉霸堡（Double Down），由两块炸鸡夹培根和奶酪构成。

像是垃圾食品版的牧羊人派，一层土豆泥、一层玉米、一层香烟灰，再加几个苹果核。它是坦普顿（Templeton）的最爱——对，《夏洛特的网》（*Charlotte's Web*）中的那个老鼠。

大力水手

肯德基、布朗意面屋[1]和切奇[2]都有很赞的炸鸡，但我的最爱还是大力水手。大力水手的拼法是"Popeyes"，不是正常的"Popeye"，也不是"'s"的所有格。没人知道大力水手拼写的用意何在，但我这个语法糟糕的人竟然在别人之前意识到这个错误，我还挺沾沾自喜的。不过至今，我依然没搞懂大力水手与炸鸡间潜在的关联。

> 老板："我打算给我的炸鸡店起名叫大力水手。"
>
> 朋友："是不是那个吃菠菜的大力水手？"
>
> 老板："菠菜，炸鸡。有什么区别？"
>
> 朋友："我懂了，大瞪眼是个水手，而你的食物就像鱼雷。"

也许这个名字与卡通人物没有关系，它只是重现了你的眼睛在吃完辣卡郡风味炸鸡后的样子。

1　布朗意面屋（Brown's），只分布于伊利诺州芝加哥的连锁炸鸡店。
2　切奇（Church's），创始于得州，总部在佐治亚的炸鸡连锁。

比萨：满满都是爱

我们对比萨似乎太没要求了，甚至有一种速冻比萨叫墓碑[1]，"这比萨难吃得要死，味道就像坟上的水泥板"。儿时，我们还分不清好比萨与坏比萨，你只是一味热爱。我曾经就很喜欢墓碑比萨，还向朋友们吹嘘吃下了一整块，每种比萨我都爱。现在，我变得又懒又没耐心，既不吃速冻比萨也不去店里，我只叫外卖。

有时，我们对外卖比萨过于严苛，达美乐、小凯撒、棒约翰总是被戴上难吃的帽子，它毕竟是比萨，难吃不到哪里去。你在午夜点外卖，一个被剥削的大学生或非法移民为你送餐到家，你还指望它符合高端美食的标准吗？我住在纽约城，一个号称有全世界最好比萨的地方。我的朋友常说，"达美乐在纽约怎么活得下去？"古法手作比萨店和达美乐究竟有何差异？其实区别不大，打工仔们的工资都一样，甚至在移民到美国前都来自同一个国家。我并没有混淆视听，达美乐的比萨以片为单位售卖，这就是最大的区别了。"你能帮我把那片放了几小时的比萨热一下

1　墓碑（Tombstone），诞生于威斯康星州的 Medford 的比萨品牌。

吗？"听上去像是在消灭剩饭。进一步说，外卖比萨的尺寸依旧令我困惑，基于达美乐的大盘，小盘应该就是狗盆的尺寸，不过因为是外卖，你也没法抱怨，不可能请店家回炉重做。从隆巴迪到达美乐，纽约的每种比萨我都喜欢，所有比萨都很好吃，人见人爱。要是你把月亮都看成是大比萨，那你和我一样比萨成瘾。以下是一些我在睡前会点的外卖比萨：

达美乐

　　起初达美乐三十分钟内送到的承诺天下闻名，但它们好几次为赶时间出了交通事故，这个承诺就被取消了。现在，除了汽车压人，达美乐打算直接用食物杀人了。我永远也搞不懂它们的促销，要么 15.99 美元买一个大比萨，要么 15.99 美元买两个。如果不是打算慢慢地杀了我们，达美乐肯定是想让我们发胖。"如果人变得超级胖，他们就离不开屋子，只能打电话给我们叫外卖了。"达美乐效应。我的推测没有道理？你再想想，达美乐卖的都是碳水化合物：比萨、面包条、通心粉，还有名字奇怪的肉桂条，人需要在一餐中吃那么多碳水化合物吗？"我们点份比萨，前菜吃面包，甜点也吃面包。饮料喝面包，我们来玩丢面团吧！"

　　每周五的晚上是我们的家庭比萨夜，我给达美乐打电话订四个大号比萨，那个接线员说话飞快，在词不达意的交流中，我总会下单它们的新产品，"你要试试新的三明治吗？"每当达美乐推出新品时，我脑中总会嘀咕：你们应该多花点心思在比萨上，饼皮不该和纸盒一个味道啊？很多年前，达美乐推出过一款面包碗通心粉，面包做的碗里面放满了奶酪通心粉，再来一张自杀遗嘱就完美了。面对这般发明，我都不知道该如何评价我们的饮食文化，吃面包碗通心粉是严重饮食紊乱的象征，它听上去像是暴食者会议上的匿名自白："开始从面包碗中吃通心粉时，我知道自己失控了，加奶酪只是时间问题。"

我不知道达美乐面包碗通心粉的主意是从哪儿来的。

> 新品开发部领导："我们需要一种比萨的健康替代品，比如沙拉。"
>
> 约翰逊："你是指面包碗里盖着奶酪的通心粉吗？"
>
> 新品开发部领导："不是，我说的是生菜做的沙拉。"
>
> 约翰逊："那也不错，或者我们可以做土豆馅的肉桂卷，直接注入肠道！"
>
> 新品开发部领导："你在这里工作吗？"
>
> 约翰逊："不。"

开诚布公，我其实吃过达美乐的面包碗通心粉，当我从面包碗中舀出盖着奶酪的通心粉时，我还想再加份土豆泥做配菜，简直太碳水了。达美乐的总部也许正在为面包碗通心粉抢功：

> 达美乐首席执行官："约翰逊，是你想出面包碗通心粉的吗？"
>
> 新品开发部领导："其实是我，先生。"
>
> 约翰逊："是我！"
>
> 达美乐首席执行官："不管是谁，海牙国际法庭起诉我们犯了反人类罪。"
>
> 约翰逊和新品开发部领导："（对指着）是他！"

我很喜欢达美乐面包碗通心粉的欧陆情调：（意大利口音）"通心粉

面包碗，小时候达美乐妈妈的味道。每周六做面包碗通心粉时，她都会让我们滚出去，否则就得挨揍。'老娘要工作了，有什么问题吗？'"达美乐老妈妈，你太棒了！

必胜客

我搞不懂必胜客的名字。

"我们要一个能够融合优质食物和第三世界茅草屋[1]的名字！"

"它们的比萨好吃吗？"

"它是从茅草屋里来的，还用我多说吗？"

棒约翰

我确信世界上没有一个人是因为喜欢棒约翰的广告而叫它们家外卖的。棒约翰的老板在广告中说着最无聊的话，也许它就是让我点达美乐的原因。棒约翰的老板也许成不了最好的商人，但肯定是最糟的演员，男士仓库[2]的广告都比棒约翰好一点。

小凯撒

作为低端外卖比萨，价格至上原则让小凯撒都懒得宣传自己的口

1　Pizza hut 中的 hut 本意为茅草屋。
2　男士仓库（Men's Warehouse），总部在得州休斯顿的男士时装店。

味。促销时，五美元能买五个小凯撒比萨，离谱的价格让我开始思索，也许它们可以卖得稍微贵一点，用好一点的原料。小凯撒就是比萨中的一元店，我经常在 Kmart 中看到它们，这无助于人们改变偏见，也无法提升 Kmart 的形象。这主意是谁想出来的？也许是某个从来不去 Kmart，也不吃小凯撒的人吧。

胜百诺

最近胜百诺宣布进入破产流程时，[1]我还挺伤心的。作为一家不送外卖的比萨店，我并不惊讶于它们经营不善。"不卖外送也能卖掉平庸的流水线比萨吗？"我和胜百诺无仇无怨，它们毫无特色的意大利菜和通心粉干比萨不错……好吧，其实也没好吃到哪里去。

约翰门

"约翰们"是一群名字中有约翰的快餐连锁，我假定它们都与某家族企业有所关联。这是约翰爸爸（棒约翰），儿子吉米·约翰[2]，他们的祖父则是第一代移民塔可·约翰。乡村乐歌手蒂姆·麦格罗[3]和诺拉·琼斯[4]也在家族树上，没有做过 DNA 检测就是了。海滋客[5]则是它们的远方亲戚，也可能只是约翰老爹爱用的内裤的牌子。我吃了太多快餐，需要

---

1 胜百诺（Sbarro）进行过多次破产保护，2014 年 6 月 2 日，胜百诺结束了破产保护，以关闭 182 家店，总部从纽约搬到俄亥俄州哥伦布市宣告破产。
2 吉米·约翰（Jimmy John's），美国三明治连锁，总部在伊利诺伊州香槟市。
3 蒂姆·麦格罗（Tim McGraw），美国著名乡村音乐歌手。
4 诺拉·琼斯（Norah Jones），美国著名爵士和乡村音乐女歌手。
5 海滋客（Long John Silver），海鲜快餐连锁，总部在肯塔基。

吉米·约翰医生为我动手术。嗯，他不是卖三明治的吗？

　　不管怎样，我会一直爱比萨，意大利人真是高手，能把所有主要食材做成一种不用叉子就能吃的东西，外送都让我不用出门了。比萨适合热着吃，吃比萨断片后的次日凌晨，冷着吃剩下的也不错。比萨就是我心目中最理想的食物了。

大食代：垃圾食品联合国

如果将快餐类比为运动，大食代就是健身房，那儿有种类繁多的运动器械。

大食代有各种各样的快餐店，你可以吃比萨、中餐或墨西哥卷饼，每家店只隔着几英尺。那儿就像垃圾食品的联合国，你和家人朋友可以从不同的餐厅点餐，然后依旧坐在一张桌上，还能比较一下不同版本的假冒民族餐饮，究竟孰高孰低。

有时候大食代门可罗雀，那些雇员站在各自的收银机后虎视眈眈，就像看着猎物的捕食者。选定一家后，你必须无视其他摊位的白眼，他们在心中嘀咕："我的食物有什么问题？"拥挤的大食代比空荡荡的更糟糕，造访时仿佛走进了一家难民营。无数的家庭、同事、少女都在游荡着寻找空桌，甚至有人试图偷别人的椅子。一直有人举着托盘徘徊，等着你的桌子清空，在心中叫骂："你已经坐下十五分钟了，超过时限。"一个人在大食代吃东西最为悲惨，任何十八岁以上的独食者都会被误解为连环杀手。"我在这里吃东西，寻找下一个受害者。"每个在大食代获罪起诉的人，都不应该获得假释。

番茄酱：调味品之王

　　吉妮痴迷于调味酱，她会在三明治的两面都涂上美乃滋，把芥末涂在汉堡上，然后把整个汉堡浸到芥末酱里，酱越多越好。我亲切地称她为"酱妮"，她如此深爱调味酱，现在桌上就放着辣椒酱，她就是这种酱迷一族。大多数喜欢辣椒酱的家伙似乎都乐于挑战别人，"你一定得试试超级变态辣"。我通常会这样婉拒："我可不想一泻千里，也不喜欢穿尿片。"我只对番茄酱情有独钟。

　　番茄酱是调味品之王，一般你走进一家餐厅时，番茄酱就已经在桌上了，仿佛在说"你会需要我的"。番茄酱是那么重要，可谓举世无双，孩子们热爱它，如果叫小孩吃芥末，他们宁可早点上床。番茄酱就是简单的番茄膏加醋和水，两个主要品牌亨氏和汉斯（我喜欢亨氏），以及一成不变的老旧配方。番茄酱从来没有改良过，你永远看不到更有番茄味的番茄酱，只是叫法不同：把番茄换成西红柿。但是芥末却不断推陈出新，以求能与番茄酱抗衡，它其实挺可悲的。

　　番茄酱（ketchup）："嗨，黄芥末辣酱。"

芥末酱："实际上，现在我是蜂蜜第戎芥末酱了。"

番茄酱："那墨西哥辣椒芥末酱也是你？"

芥末酱："那是上星期，现在我是蜂蜜第戎芥末酱。"

番茄酱："好吧，最近如何？你在餐厅能上桌吗？"

芥末酱："有些高级的熟食摊和少数的热狗铺吧。（拍拍番茄酱）我是不是该把名字改回黄色辣芥末酱？我想我永远都赶不上（catch up）你了。"

番茄酱："那是句双关语吗？"

芥末酱："是的，好玩吗？"

番茄酱："（拍拍芥末酱）我得走了，要去给墨西哥辣肉卷提味了。"

我酷爱番茄酱，吉妮认为我爱得有点过，吃寿司时也要来一点，因为它盖过了鱼腥味。你可以把番茄酱加在任何食物里。"这玩意真好吃，加上番茄酱锦上添花。"番茄酱适合搭配不健康的食物，我们从来不会用它配西兰花或芦笋。它就像那种老是鼓励你去做坏事的损友。"来点薯条吧？我帮你吃了它，或者点个汉堡，我陪你吃。你点了沙拉？那我得走了，我和生菜合不来。"番茄酱必不可缺，只有失去它的时候，你才知道它的重要性。你吃过没有番茄酱的薯条吗？总觉得哪儿有点不对。

不喜欢番茄酱的人是人生输家，宇宙中的每一个人都热爱它，电视上的番茄酱广告让我惊讶，这简直就是浪费钱，它是无须宣传的生活必需品。"亲爱的，我们该试试这个新产品：番茄酱。"有一次，我看广告中说番茄酱含有番茄红素（一种抗氧化剂），像是又给出了一个购买番茄酱的理由，如果番茄酱才是你餐饮中的健康部分，你多半需要塔可钟减肥餐了。

过去五十年中，唯一有关番茄酱的新闻就是瓶子的改进。我们用倒置的塑料挤压瓶大概有十年了，但你知道它花了多久才发明出来吗？在不久的过去，人们才刚刚意识到这个问题。太丢人了！

> 设计者甲："你知道要花多久才能把瓶子倒过来，让番茄酱从底部流出来吗？太可笑了！你为什么不反转一下构思，做成方便挤压的塑料瓶？"
>
> 设计者乙："等等，有人投诉番茄酱的瓶子吗？"
>
> 设计者甲："投诉了一百多年了！"
>
> 设计者乙："可以试试，为什么有人想要轻松获得番茄酱啊？"

宾馆送餐服务提供的番茄酱最不方便，就是个小玻璃瓶，酱根本流不出来，刀也塞不进去。"这玩意真可爱！但我要的是番茄酱，不是圣诞树挂件。"

每个文化都有它自己的番茄酱。萨尔沙是墨西哥番茄酱，红酱是意大利番茄酱，醋大概是英国的番茄酱。你们的食物是该有多难吃，才要用醋来提味？英国人对食物态度与众不同，在伦敦，快餐店的小包番茄酱竟然是收费的，也许这才是波士顿倾茶事件的真正导火索。

小包番茄酱

幸运的是，在美国快餐店，小包番茄酱是免费供应的。然而这玩意儿有什么存在意义？我吃不掉一加仑的番茄酱，但这点吃根薯条都不够。用牙咬开二十包番茄酱后，我狼狈得就像鸦片鬼。"拆完这堆调料包，我都能开派对了。"一包番茄酱真的够用吗？"这包太多了，你们有没有四分之一盎司的减半包装？实在太腻了，有拉链的版本更好，吃不完还能外带。"大多数快餐店会给你两三条番茄酱，回去再要的时候，服务生会把你当成瘾君子。"你以为我在吃什么好东西？"有时，快餐店小哥会让你产生自己是番茄酱小偷的错觉。"我家孩子今晚没番茄酱吃，因为你把它们吃光了。"番茄酱的空袋子也无处安顿，店里总是扔得一团糟，"我是放在餐巾纸上还是桌上？要不粘在袖子上？"

有时，小包番茄酱上印有不得转售的字样，我搞不懂这行字的意思，我去过很多跳蚤市场，却从没见过任何人转售这东西。难道有人会把小包番茄酱当做宝贝吗？如果你沦落到了卖小包番茄酱的田地，包装上的警示也就形同虚设了。"我们缺钱，可以卖了这些番茄酱吧？妈的，这里写着不得转售。"没人会想要转卖的小包番茄酱，我们只喜欢刚从柜台后面拿出来的。

如果足够幸运，你也许会在餐厅撞上豪华番茄酱。什么东西能让番茄酱豪华起来？谁会在社会精英的环绕下，戴黑领带吃番茄酱？"我让男管家去取调味料了。"天下穷苦人各有穷苦之处，但你是多苦才会认为小包番茄酱豪华呀？"我们不是有钱人，但在祖母生日这种特殊场合，小包番茄酱能让她感受到节日氛围。为什么不让她吃一点快乐一天呢？然后我们再把她送回家的牢笼。"

有些快餐店（比如温娣）会提供番茄酱泵，操作和灌啤酒桶差不多。我喜欢在那儿转悠，搭讪女性，一有女人出现，我就绅士般地为她盛上一盅番茄酱："这是我为你盛的。你经常到温娣来吗？我和室友在寝室弄了个小番茄桶，你要不要来试试？喜欢那首叫《吸血鬼》的歌吗？这里还有一盅，送给你的朋友。"我从来都不知道自己打算在温娣吃多少盅番茄酱，通常是三盅，但心情不好时，我就拿五盅。

甜品：正餐后的特别时刻

　　甜品是那么的与众不同，它们因此被区别对待。在某些餐厅，甜品甚至有自己的菜单；在小饭馆和汽车食堂，甜品陈列在旋转的玻璃架上，像是艺术品或伊利莎白女王的珍宝。我不确定它对我产生了什么影响："我以前不吃甜品，但我在某个不经意的时刻盯上了布丁，我要来一点！"

　　我长大以后，我们家只在特殊场合享用甜品，像是生日或假日。等到我的孩子这个时代，甜品不再是奢侈品，它变成了某种权力。如果我四岁的孩子凯蒂没有在晚餐中三番五次索要甜品，那她多半是病了，要么就是天灾将至。甜品对每一个人都很特殊，这就是为什么它最后才上桌。如果吃完饭的那个特殊时刻不属于甜品，正餐似乎就没必要存在了。

　　我坚信：甜品不是蛋糕，就是冰激凌。

冰激凌：永远年轻迷人

大家都有小时候吃冰激凌的回忆，很少会有孩子对冰激凌失望，然而小时候吃得多快乐，成年后的沉迷就有多悲哀。冰激凌是给小朋友吃的，它人见人爱，可那些冰激凌车、冰激凌筒、撒在上面的珠子糖，都是孩子的专利。小孩有冰激凌，成年人有酒精，这看似很公平，但就像足球、生日派对、迪士尼和尿片，冰激凌也需要成年人的参与。我承认自己是个会吃冰激凌的成年人，但我没有沾沾自喜。我不会像个失意的胖子，在光天化日之下吃它，有些事还是关上门在家偷偷做体面。适合成年人吃冰激凌的地方是电视机前的沙发上，你看着 TLC，"（一嘴冰激凌）看，那些僵尸才是问题所在！"

成年人为吃冰激凌而找的借口实在卑微，"外面太热了""我和男友分手""我的名字是吉姆·加菲根"。家里没有冰激凌时，我总是苦乐参半，我刚吃完一品脱，试图栽赃在某个孩子身上，却难以解释衬衫上的污渍。我常在晚上穿着棉毛裤吃冰激凌，并在一开始就把品脱罐的盖子扔掉，我是不会退缩的。有时吉妮会问："你是打算吃光一罐吗？"我回答道："当然，除非你自私到想要分一口。"

80年代时，成年人还记得冰激凌是给小孩子的，那时冻酸奶是我们的健康冰激凌，还有让你享受美味却不摄入脂肪的去脂冻酸奶存在。我不知道自己为什么那么讨厌它，我有些大学同学不吃午饭，"只吃冻酸奶"，口气像是要去吃沙拉或慢跑似的。我无法对脱脂冻酸奶表达喜爱，它没有脂肪，却和普通冰激凌有一样的卡路里，罪魁祸首是其中的糖分。人们必须面对冰激凌专属于小朋友的事实，所以我们这些成年人只能躲起来吃。

到了90年代，佛特蒙州的本与吉瑞[1]突然成了国家级现象，它让成年人从壁橱里走出来，公开地吃冰激凌。本与吉瑞减轻了这件事的负面影响，"吃含糖果的冰激凌能保护环境？这品脱是为地球吃的！"我梦想中的工作就是成为它们的新品设计师，多么伟大，谁能抱怨这样的工作？那个家伙在下午走进工作间："今天干什么呢？让我看看：锐滋（Reese's）花生巧克力、士力架、香草冰激凌、焦糖，新品叫什么名字呢？胖爸爸不错，明天再说吧，让我先打个盹。"

1　本与吉瑞（Ben & Jerry's），联合利华旗下冰激凌品牌，美国著名冰激凌品牌。

蛋糕：有几人不被它俘虏？

　　面对不同的食物，人们反应各异。常吃蔬菜的人会失去对蛋糕的渴望，并且进入精神错乱的状态。蛋糕是那么迷人，很难不被它俘虏，看见蛋糕就想吃，至少想把手指插到糖霜中去。然而，你必须在同事朋友面前故作镇静，以免他们发现你的失常。为了掩盖贪婪，你必须忽视蛋糕的存在。"那玩意叫什么？蛋糕？让我尝尝，我从来没吃过。"吃蛋糕可不光彩，就像女人坦白自己在通奸："千万别告诉我丈夫。"蛋糕是暴食的象征，正是这一思想催生了某些古怪行为。如果你吃下整个比萨，朋友们会觉得你饿到失智；你要是吃下整个蛋糕，他们则会认为你疯了。吃蛋糕跟喝酒可不一样，你永远听不到人们自吹自擂：

　　　　"我昨晚吃了四块蛋糕。"

　　　　"你为什么要告诉我？"

　　　　"我在寻欢作乐，不可以吗！"

　　蛋糕是一种社交食物，必须与人分享，一群人一起吃。独食蛋糕简直太伤心了，但请你相信我，我经常那么做。蛋糕不仅是蛋糕，它的上面通常覆盖着糖霜，那是油脂糖分混合物的时髦昵称。我永远不会忘记十岁时在储藏室发现一桶糖霜的情景，记忆十分清晰，"人是有多可怜才会吃这玩意！"然后我就长成了那个可怜人。

我们都知道蛋糕对身体有害，并用各种方法掩盖饕餮的事实，我们创造了能够被社会接受的替代品，以便随时随地享受蛋糕的美味。"早餐当然不能吃蛋糕，那我吃个麦芬吧！"蛋糕与麦芬有区别吗？没有，麦芬就是秃顶的纸杯蛋糕。比麦芬更荒唐的还有迷你麦芬，吃那玩意时，我们就是在自欺欺人。"我只吃一个，十二个也行，它们那么小，完全可以忽略不计！麦芬就像是维生素片，是宇航员食品。"早餐不该吃蛋糕，烤薄饼除外。这是什么逻辑啊？"年轻人，早餐不能吃蛋糕！只能吃油炸面粉团配枫糖浆。动起来，别打瞌睡了！"煎薄饼显然会降低一天的活力，"今天不冲澡了，我得花八小时才能消化这些碳水"。

魔力

蛋糕的魔力尽人皆知，否则你怎么解释步态舞（cakewalk）的诞生？人们围着椅子跳舞，只为赢得作为奖品的蛋糕。步态舞中有"walk"这个词，这无疑值得我们注意，也许蛋糕才是激励人们站起来运动、不坐着发呆的真正原因。蛋糕实在强大，它还能消弭隔阂，化敌为友。

员工甲："今天是比尔的生日。"

员工乙："我痛恨那个家伙。"

员工甲："会议室里有蛋糕。"

员工乙："好吧，我过去打个招呼，他最近怎么样啊？"

有些人会怀疑蛋糕的重要性，但人生的重要时刻，永远少不了蛋糕。生日、婚礼还是退休，蛋糕为这些重要时刻增加了仪式感，就像一份奖赏的礼物。这些场合下，没有什么能代替蛋糕，水果派尤其不行。派虽然有其闪光之处，却根本比不上蛋糕。蛋糕插上蜡烛表示有人过生日，如果你哪天在派上看见蜡烛，那厨房一定有人喝醉了。从来没有妙龄女郎会从派里跳出来，祝你生日快乐，要是这一幕真的出现，那你估计是在看《魔女嘉莉》（Carrie），"洗洗干净吧，小妞"。结婚得配婚礼蛋糕；葬礼才是派的好搭档，因为蛋糕显得不合时宜，它太欢乐了。蛋糕远远比派来得重要，有著名乐队与它同名；它还是财富的象征，有悲歌同情落在雨中的蛋糕，派则用之即弃。

蛋糕的品种太多了，我在这里说一些比较重要的：

生日蛋糕

蛋糕与生日的联系最为密切，无论是庆祝周岁还是百年，蛋糕都很合适。听到生日歌，你满脑子都是免费蛋糕，心不在焉地唱歌时，其实是在好奇蛋糕的品种，"祝你生日快乐，祝我吃到巧克力蛋糕"。生日蛋糕通常都配有蜡烛，有时还写着字，这简直喧宾夺主。蛋糕无须装饰和喧嚣，一条甜面包加四分之一加仑糖霜，这就是它的全部了。一岁时就能收到生日蛋糕的孩子实在太幸运了：

妈妈："生日快乐，儿子！娘做了个蛋糕给你！"

儿子："不够好！我要在上面点着火！还要写上名字！我要大家一起唱歌！"

朗姆蛋糕

朗姆蛋糕有其存在的意义。谁没有在吃蛋糕时想过："还缺了点什么……一盅小酒！"我没空边吃蛋糕边喝酒，我只有两只手，没握着叉子的那只夹着香烟。

漏斗蛋糕

盖着糖霜的巨大炸薯条。

纸杯蛋糕

对我而言，纸杯蛋糕十分神秘，我对它爱恨交加。纸杯蛋糕价格高昂，一个精品纸杯蛋糕的价钱，都能在食杂店买上一整盘吃的。我可能只是痛恨纸杯蛋糕店的存在，它是由喜欢蛋糕却不愿分享的人发明的，"我只想吃自己的！"纸杯蛋糕是自私人士的俱乐部……好吧，我还是挺喜欢它们的。

蛋糕棒棒糖

许多人喜欢这些插在小木棒上的过期蛋糕，但我依然认为它让人类的文明列车偏离正轨。我永远不会忘记第一次见到蛋糕棒棒糖的瞬间，那时我正在星巴克排队，被它的前卫震惊：我们居然在棒子上吃蛋糕了？我们是异教徒！

冰激凌蛋糕

冰激凌蛋糕魅力何在？它转瞬即逝，让我特别有压力："快吃，必须在融化前干掉它。"

奶酪蛋糕

你遇到过完美的气候吗？不太热，不太冷，感觉超好，奶酪蛋糕就是这样。奶酪蛋糕是双重肯定句，它是满分食物。既能吃蛋糕，又能吃奶酪，奶酪蛋糕工厂[1]永远都不会罢工。

磅蛋糕

用蛋糕的副作用（磅可是重量单位）来给蛋糕命名，实在令人印象深刻，"我能要个磅蛋糕吗？或者叫它加长保险带蛋糕？"

鲜花蛋糕

我怀疑是那些鲜花当日送[2]的怪人创造了鲜花蛋糕：不是糖霜花，是不能食用的真花。我从来没有收到过鲜花蛋糕，但我能想象那些花朵带来的尴尬，你该作何反应啊？"我收到了一只鲜花蛋糕，你可以看着它减

---

1 奶酪蛋糕工厂（Cheesecak Factory），总部在洛杉矶的连锁餐厅。
2 鲜花当日送，原文为 1-800-Flowers，鲜花配送热线。

点肥。"

胡萝卜蛋糕

蛋糕太有魔力了，它甚至能让胡萝卜变得好吃：通过往上面浇奶油糖霜。胡萝卜蛋糕没有胡萝卜味，所以我常用它代替沙拉。

水果蛋糕

最令人失望的真蛋糕是水果蛋糕，它只比厕用消毒块好上那么一点。水果和蛋糕都不错，但它们相性不佳：水果可以，蛋糕很赞，水果蛋糕那就是恶心的垃圾。它真的是用水果做的吗？每次品尝后，我都怀疑自己是吃了一大口彩虹糖。水果蛋糕是用水果之外的任何其他东西做成的，仿佛在处理柜台上的垃圾，"把所有东西都放进去"。我坚信水果蛋糕无人问津，人类只是在圣诞期间把它们邮寄给亲戚。据说每年十二月，总共只有十个水果蛋糕在天上被不停传来传去，送来送去。

机场：我的另一个家

作为一个单口喜剧演员，我经常旅行，在机场消磨了数不清的时间。我能回想起一些细节与场景，但不愿过多提起，因为大多是令人沮丧的回忆。就拿纽约拉瓜迪亚机场来说，我和运输安全管理局的员工都已经相熟，他背得出我的名字，要是你也经常出差，一定也感同身受。如果你是个生意人，每月都要出一次远门，那也太累人了。

如果你不是空中飞人，那你多半会认为我是在无病呻吟，"可怜的小吉姆！他不得不从纽约飞两小时到芝加哥，让我们塑一尊儿童铜像纪念他吧"。人们经常用飞行的时间来估计航班总用时，却经常忽略在其他交通上浪费的时间。丹佛机场就是个好例子，不知为何，它位于密苏里州。航空公司还要求你提前数小时到达机场，"航班在两天后？那你现在就要去机场了"。加上打包、过安检、延误、取行李，从纽约飞到芝加哥要花上一星期的感觉。我可没有危言耸听……也许有一点。乘六小时的航班还更有效率一点，这一整天总归报废，但你好歹横穿了全国。空中旅行的常客总希望成为银星会员，"至少我赚了这么多积分里程"。后来你很快意识到，为了得到更多好处，你只能飞得更多，"我乘了十万英里贵公司的航班，奖励居然是更多里程数？"这就像吃下一百罐豆子后中奖了一罐免费的，你已经再也不想吃豆子了。

> "我不想要豆子，可以换个热狗吗？"
> "不行，但如果你用这张豆子信用卡买热狗，你能得到免费豆子。"
> "你听见我说不想要豆子了吗？"

空中旅行很迷人，但没人乐在其中。数小时中，你被传送了数千英里，这是难以想象的壮举，但飞机上的每个人都臭着脸抱怨。飞行一结束，这帮久坐的偏执狂就围着行李转盘东瞅瞅西看看，仿佛有谁要偷你丑陋的行李箱，你可知道里面的衣服只有你自己穿得下。飞行旅行如此无趣，也许是它宛如与父母共处的翻版。机长是你爸，空姐是你妈，坐上飞机，空姐（妈妈）就开始不断唠叨。

> "系好安全带！"
> "好的，妈。"
> "关闭电话！"
> "好的，妈。"
> "喝点果汁吧？"
> "好的，妈。"

飞机一起飞，机长（爸爸）就开始讲他的无聊故事：

> "我想让你们知道，我们在飞往……如果你看向左边，你

将会看到……"

"我们不在乎,老爸,只管飞!"

提早出门加上延误,机场就会浪费你数不胜数的时间。对我来说,那儿就是个无聊博物馆,德克萨斯的奥斯汀机场偶尔有乐团演奏,但大多数时间人们只是被丢在登机口旁,仇恨着人性。有时我会玩大脑游戏来自我娱乐,其中一个是找出自杀式袭击者。这游戏没完没了且没有赢家,因为身处机场,每个人都痛苦而麻木。机场应该被重新命名为行尸走肉再现中心。另一个游戏则是找借口唤醒在机场睡觉的人:"你在睡觉吗?你累了吗?为什么没有更多大女主电影?"

我经常乘早上的飞机,那是人性的谷底。比起五点就得到机场的痛苦,我更好奇其他人在反人类时刻的种种行为。我不是个早鸟(有谁会是?),要是有人约我上午出门找乐子,我可打不起精神。有一次,我在波士顿的洛根机场碰到一位客气的女士,她问:"你的航班很早吗?"我装作正常地回答:"不,我只是喜欢早上六点来这儿逛逛。"

对于这种尴尬窘境(以及其他人生难题),我的解决之道总是吃。我经常在机场无缘无故地暴食,这都快把吉妮弄疯了。离家去机场前我刚吃完,却依然会在机场买吃的,我无法控制自己,就像迷信的天主教徒会在路过教堂或墓地时划十字一样。到机场、领登机牌、过安检,紧接着就是找吃的。对于这种行为,我往往以不想在飞机上挨饿自我欺骗,但是这根本说不通,"万一飞机掉下来,我可不想吃人"。飞机餐是免费食物皆好吃的唯一例外,现在它居然都得付钱了。批评航空餐的喜剧演员多如牛毛,我也是其中一员,它是个矛盾综合体,独一无二。我只是在吃,却不是去享用,它简直就是故意做得那么难吃的,你怎么能把鸡肉和意面做坏啊?不知何故,飞机餐的味道闻起来像是航空椅,难道他们在椅子里炒菜?

在机场吃个麦当劳巨无霸，是对这些不必要艰辛的慰劳。我就像穿过迷宫就能吃到奶酪的老鼠，只是奶酪多一块肉饼和面包。我并非健康爱好者，在机场这是件好事，因为机场甚至不出售健康饮食。有次我想在印地安纳的南湾买块水果，结果被告知那是展示用的。预包装的常温沙拉往往是唯一选择，"要么吃十八年前的沙拉，要么吃点能让我开心的东西"。

不是所有机场的餐饮都千篇一律，有些机场也会提供当地特产，比如纽约肯尼迪机场的 Shake Shack、芝加哥奥黑尔机场明星厨师瑞克·贝利斯（Rick Bayless）开的国境线蛋糕店（Tortas Frontera），旧金山国际机场则满是当地的餐厅、酒吧和咖啡馆，但这些都是例外。大多数机场只有一两家快餐，其他的餐厅你从未听闻，除非你曾经被困在那里。

安妮阿姨[1]的扭结面包

如果你喜欢浸了假黄油（做电影院爆米花的那种）的扭结面包，那么你会爱上安妮阿姨。安妮阿姨是我无物可食时才会吃的东西——我还是有点尊严的。吃一整袋内华达安德森机场书店里卖的坚果，也比吃安妮阿姨的扭结面包好。

我其实也喜欢扭结面包，并幻想过一个只有扭结面包的世界，但安妮阿姨不是我的菜，被油浸透的扭结面包实在让我作呕。油浸扭结面包根本不应该存在，但机场是个囚禁犯人的地方，而扭结面包听起来挺好吃，它销量还不错。客观地说，安妮阿姨不止卖扭结面包，她们还有扭

---

1 安妮阿姨（Auntie Anne's），快餐连锁，总部在宾夕法尼亚州的唐宁敦。

结面包热狗、有腊肠的扭结面包、在肉桂中滚过的扭结面包，没有了。它们还有各种蘸酱，每种都会造成不同的小毛病，"这个会导致心脏病，那个会引起肝衰竭"。安妮阿姨的创始人还活着吗？"我们去吃安妮阿姨吧，带上降胆固醇药和糖尿病药。"

Chilli's Too[1]

在大多数机场，你都能找到 Chilli's Too，如果机场是个国家，它就是异域食物。在原来的店名上，店家加上滑稽的 Too 区别于普通的红辣椒餐厅，虽然新版本也同样平庸。吃过 Chilli's Too 后，你才明白那并不是俏皮话，而真是拼写错误（它们的味道一模一样）。我爱去机场的Chilli's Too，还有什么地方能让我在早上六点坐下来听威猛乐队，同时聆听一个满口鸡蛋粉的中年鲶鱼头男人说话？这都值得列入人生清单了。"在你滚开之前叫醒我，滚！"

肉桂厨房

我总想把自己在机场的暴食合理化，但有些食物实在找不到理由，比如肉桂厨房（Cinnabon）。每个机场好像都有 Cinnabon 的售货机，出售超大的糖霜肉桂面包，圣诞老人大概是 Cinnabon 最大的股东，它们只卖那玩意。我们没有任何吃它的理由，"我要登机了，吃个八磅的蛋糕吧"，吃完后你得打个盹，这就是众人在机场睡着的原因。第一次吃Cinnabon 的时候，我觉得自己下一秒就需要胰岛素和代步车。 Cinnabon

---

1 Chilli's Too 餐厅是红辣椒餐厅的低端版本。

都不能被归类为面包，那肉桂卷和坐垫一样大，"我该坐上去还是吃下去？坐在上面吃也行"。Cinnabon 里常常散发出一种奇怪的臭味，闻起来就像被加湿器处理过的肉桂味龙舌兰酒。从售货亭走过你都能蛀掉颗牙，它的可怕尽人皆知，排队者羞愧的表情说明了一切。这一生中，我确实做过些丢人的事，买这东西就是一例，人生多难。"我能买个肉桂卷吗？把它钉在屁股上吧，反正它总要从那里出去，我何苦为难自己！"

在机场，我受到食物的侮辱，回家面对吉妮，我还要经受不断增加的愧意。

"你又吃机场食物了？"

"没有……我的意思是，那不算是食物……"

到家之前，我总会把丢脸的罪证都销毁掉，比如扔掉用专色印刷的餐巾纸和空盒子，但总有东西会出卖我。吉妮擅长用我的信用卡账单发出质问："安妮阿姨？吉姆，你是认真的吗？还有温娣，这个花了你这么多钱的女人到底是谁？"

早饭：成了我起床的理由

　　我喜欢吃早饭，也希望早餐可以全天供应，而不仅限于早晨。我是个夜猫子，所以理解不了早起和一起床就吃东西的意义。我早晨根本不饿，数小时前才刚吃几顿，对我来说，最好的状态就是睡到饿醒。不幸的是，大多数商业活动都在白天进行，熊孩子们在那时也睡不着，为此我不得不起身。唯一的安慰是，早饭中还真有些好吃的东西。

　　脱离早餐的语境，传统早餐食物都是些垃圾食品，然而只是当做早饭的话，就显得情有可原了。"你从那张温暖舒适的床上爬起了身，所以值得整条枫糖蛋糕和大半包肉肠。"社会上并没有早餐应该吃什么的定论，肉肠肉饼都很好，但早八点去 711 店买个汉堡或玉米热狗就不太合适。早餐时喝啤酒也没有意义，一大早就喝酒太可悲了，只有血腥玛丽和"含羞草"能让你优雅一点。某种程度上，果汁与香草加糖的鸡尾酒是一回事，正餐时点橙汁会让侍者一脸迷惑，早餐时则不会。童年时，百事可乐就是我的红柚汁，可口可乐就是橙汁。那时还有"你要橙汁还是红柚"这种问题，现在没有人会这样问了，因为宁可便秘，红柚汁也无人问津。我的父亲曾经吃半个葡萄柚当早饭，他有把顶端有齿的柚子勺，现在估计你只能在博物馆或《大西洋帝国》（Boardwalk Empire）中看到这样的勺子。

早饭还有其他健康的选项，比如麦片。人人皆知麦片对身体有好处，因为它淡而无味。有时我的孩子会把麦片当早餐，但他们只吃那些调过味的：每袋加一整杯糖。我不擅长给他们做麦片粥，但麦片汤就很在行。吃麦片时，我觉得自己像是囚犯或孤儿，"能再要一点吗？先生，求求你！"一大早就吃奥利弗[1]的配餐，真是完美的一天，他跟其他孤儿祈愿真正的食物时，甚至唱起了颂歌。

鸡蛋是理想早餐的首选，它可是旗舰产品。早饭中有东西比鸡蛋好吃（松饼和华夫），也有东西比它难吃（麦片和水果），但鸡蛋是标准配置。鸡蛋是区分普通早餐与好吃早餐的秤，鸡蛋的做法多种多样，我喜欢的有：

鸡蛋卷饼

如果你希望每一口都能同时吃到鸡蛋、奶酪、土豆和肉肠，吃完还想打个盹，那你适合鸡蛋卷饼。

法式乳蛋饼

就是鸡蛋奶酪派。如果你在早餐与甜品间犯了选择困难症，吃法式乳蛋饼就是双赢。郑重警告：据说它不够男子气概，偶尔吃乳蛋饼时，我的妇科医生会嘲笑我。

---

1 奥利弗（Oliver），《雾都孤儿》的男主角。

班尼迪克蛋

作为一个卖国贼，班尼迪克[1]懂得早餐的真谛。诚实地说，将水煮蛋放在火腿上，佐以涂满黄油的英式烤麦芬，再配蛋黄奶油酱，这种美味可以让任何人出卖他的祖国。

他国早餐

作为一个单口喜剧演员，我常到其他国家巡回演出。我跟大家一样热爱别国的文化，但有些地方的早餐却时常让我感到迷惑。

欧洲人都自豪于牛奶什锦早餐，我确信这玩意在美国是用来喂牲口的。某些自助早餐甚至提供生肉，我还以为是冰箱坏了，或者是侍者忘了收拾隔天的午餐。生肉盘不配面包或调料，只有一堆切好的火腿与香肠，似乎只有兄弟会才在早餐时吃烟熏生肉。一个白胖子站在开门冰箱前看到这些，这可不是什么赏心悦目的画面。

英式早餐

当我发现美式早餐并非不健康之最时，我心中震惊与宽慰并存。凭借经典英式早餐，英国人获得了最古怪的不健康早餐奖。不知为何，英式早餐中居然有焗豆，他们在一大早吃焗过的豆子，完全无视可能的副作用。经典英早还包括一个煎蛋，一片烤面包、一只炖番茄、一根肉肠、一条培根和一片肥火腿。英式早餐吃遍了所有早餐肉类，也不知道

---

1 班尼迪克（Benedict Arnold），美国独立战争将领，英国籍。

这是为什么。与英早相比，丹尼餐厅[1]的大满贯（Grand Slam）是一碗切片水果汇，健康得不像话。我听说早上起来抽一整盒香烟都比吃英式早餐健康。

爱尔兰早餐

传统爱尔兰早餐与大多数英早差不多，还要加上一种叫黑布丁的东西。肉眼可见，那玩意绝对不是布丁，长得都不像。黑布丁像是超大切片肉肠，里面含有某种种子，"黑"是猪血造成的，但血不应该是红色的吗？只有僵尸和不死族的血才是黑的吧。爱尔兰还有一种白布丁，它只是没有血的黑布丁。全世界的科学家都在分析白布丁的分子结构，我个人认为，那是用幽灵做的。爱尔兰人总被冠上酗酒的恶名，但决定黑白布丁这两个名字的家伙，绝对醉得不轻。

"那玩意叫布丁吧！……不，我没醉，只喝一杯！两分钟喝一杯，喝上一小时！……它是黑的，就叫黑布丁吧！……还有一个？叫白布丁吧，我想睡觉了……"

床上早餐

在床上吃早饭简直是梦中乐事，一来是因为我喜欢躺着吃培根，我觉得人们在天堂中就是这样打发时间的；二来它让你拥有吃完饭马上睡回笼觉的致福，"吃完就走太没人性，午饭做好再叫醒我"。

我一直很纳闷，居然没有餐厅用床来代替餐桌。"坐席我选双人床，能看到电视最好。"躺在床上等别人用托盘送餐绝对是很棒的体验，只可惜进医院需要最低病情标准，如果他们问得不是那么仔细，我明天就

1　丹尼餐厅（Denny's），美式连锁餐厅，总部在加州莱克伍德。

想住进去。

　　　　"你的症状是什么？"
　　　　"我饿了，还想打个盹！"

　　应该没有人不喜欢在床上吃早餐。如果有人一大早端着托盘走进你的卧室，你可不能说"对不起，我刚吃过"，就算是真的刚刚吃完也不行。

贝果：就是我的全部

　　过去的二十年中，我爱上了纽约的生活，它是我现在生活的起点。我在这里喜剧出道，遇到妻子吉妮，并且成为整个篮球队的父亲。这里的活力、人民、百老汇、中央公园，甚至地铁都深深吸引着我，而纽约最爱只属于贝果。说纽约有世界上最好的贝果或许是陈词滥调，但纽约的贝果确实有不同之处。也许是这里的水源，也许纽约人心灵手巧，这儿的贝果就是与众不同。

　　我并不是个自视高雅的贝果爱好者，在印地安纳时，我可以吃下一袋子没有解冻的蓝德贝果[1]。我在华盛顿读的大学，曾在一家咖啡店打工，最喜欢的就是加了奶油起司和培根的肉桂葡萄干贝果。然而在纽约，我才真正学到贝果的真谛，它用艺术和魔力赢得我的尊重。纽约的贝果浓厚而独具风味，烤过之后脆脆的表皮最有代表性。咬下一口脆皮，感受那温暖耐嚼的内馅，你也会成为纽约贝果的信仰者，摒弃其他一切替代品。纽约之外，贝果吃起来就像是无味的中空面包圈，它们就

1　蓝德贝果（Lender's Bagel），一种总部在康涅狄克州的低档速冻贝果。

像是贝果界的盗版 DVD。

作为一个奋斗在纽约的单口喜剧新人，我经常在半夜拖着疲惫的步伐迈入第二大道的双 H 贝果店[1]，一个街区之外就是连环画喜剧俱乐部[2]。完美的贝果香气就像老友的问候，我谦和地问"有什么好吃的"，店员就会递给我全纽约最新鲜温暖的贝果，它像一个令人宽慰的拥抱，告诉我即使表演冷场，贝果始终爱你。贝果知道如何让我开心，在俱乐部的狂轰滥炸后，各种新鲜烤制的传统贝果淹没了我的挫败感。有时候，我会在烫得拿不住的贝果上加黄油和奶酪，但通常我只吃原味的。早些年，双 H 贝果店是我尴尬演出后的庇护所，一个我躲避嘘声的安全天堂。贝果本身也像这样，一个美味的、能够用手指插入洞中举起的庇护所，保佑我远离一切灾难。拿着贝果盾，我就像是那个保护了村子的荷兰小男孩，它保护我自怨自艾的心灵不被听众们恶评的洪水淹没。

时过境迁，现在我的女儿们在上东区上学，塔尔贝果店（Tal）就成了我早起送她们去曼哈顿另一头的奖励。无论何时去上东区（小时候我觉得那儿是另一个星球），我都赢得了一个贝果。如今，有人会提到"美味的无麸质纽约贝果"，对此我很愤怒，简直有辱纽约的名号。我算得上个中行家，在我吃过的所有贝果中，从来没有好吃的无麸质变种。我只能摇摇头嘲笑我老婆，去旁边吃点东西。

贝果是广受欢迎的食物，每个人都有自己喜欢的类型。我最喜欢"全都要"[3]，它由罂粟籽、芝麻、洋葱、大蒜和盐混合制成。我爱各种贝果，但"全都要"非常特别，我甚至无法形容自己对它的热爱。有人

1　双 H 贝果店， H&H Bagels，在纽约曼哈顿的贝果店厂，是全世界最大的贝果生产商之一。

2　连环画喜剧俱乐部（Comic Strip comedy club），纽约最早单口喜剧俱乐部。

3　全都要， Everything bagel，据说由 David Gussin 发明。

说一个人不可能成为另一个人的全部，但"全都要"就是我的全部，如果真有转世，我愿意投胎成为它，获得所有人的喜爱。最近我决定把这个场景搬上舞台：没有"全都要"贝果的纽约，该是一个多么可怕的世界。

甜甜圈：我的生命之圈

　　警察爱吃甜甜圈[1]，这真是有趣的刻板印象，还有谁喜欢甜甜圈吗？当然是所有人。"既然他们喜欢甜甜圈，那警察大概还不赖。"警察们当然热爱，因为他们有判断对错的能力，而讨厌甜甜圈是一种恶。你们见过不喜欢甜甜圈的人吗？当然没有，那些人都在吃牢饭，警察多半以残害小动物之类的罪名逮捕了他们。由于这类老生常谈，在甜甜圈店看到警察时我都很兴奋，像是目睹天使重获了翅膀。没准我也是被甜甜圈的香气吸引过来的。

　　甜甜圈有很多神秘之处，柏拉图就曾为看到一个甜甜圈和想吃掉它的区别而困扰，答案当然是没有区别。看到甜甜圈是偶然事件，想吃甜甜圈则是持续的欲望。我就是活生生的例子，好友汤姆和我最近路过一家甜甜圈店，我问他要不要来一个，他说不饿，我善解人意地回答："这有什么关系呢？"吃甜甜圈不需要理由。"医生说我需要更多糖分，我可以吃甜甜圈了。"甜甜圈当然对身体有害，每吃一个，我就离当外公远一点。我与健康控的老婆不是一类人，我的阳关大道直通急诊室，她喜

1　在没有快餐的年代，加班的警察只买得到甜甜圈，久而久之，就造成了这种印象；如今，在全国甜甜圈日，警察局会在社交网络发布警察们吃甜甜圈庆祝的消息。

欢的坚果拼法是"nut","doughnut"才是我的菜。

甜甜圈没有任何营养价值，偶尔有研究发现巧克力和红酒可以让人长寿，但甜甜圈与之无缘。甜甜圈只有美味，洛杉矶有家 Yum-Yum 甜甜圈，名字说明一切。只要你的智商不是零，都能理解它的用意："Yum-Yum？我喜欢，好吃！"它的目标客户也许是山顶洞人："天上出现了一个大火球，Yum-yum！"

唐恩都乐

在美国讨论甜甜圈，无法忽略无处不在的唐恩都乐，很多城市有自己的特色和连锁店，但唐恩都乐永不缺席。唐恩都乐并不是新英格兰人的最爱，但它已经成为根深蒂固的特产，新英格兰人把它看做某个亲戚或儿时伙伴："唐恩真了不起，恶名远扬！"他们的爱意过于热烈，甚至让我生疑：唐恩都乐到底是卖甜甜圈的，还是波士顿红袜的球员啊？

我喜欢唐恩都乐，它在全美每个主要城市的街区都有分店，说明可不只我一个人喜欢唐恩都乐。那儿可能不是最有趣的去处，但总有一个无家可归者站在它门口，可能最初设计的时候就已经考虑到了这点。"在入口处放一个疯狂的傻子"，设计蓝图规定，"这里有个睡纸板箱的家伙宣传世界末日，我们就地开家唐恩都乐吧！"无论如何，唐恩都乐门口总有些造型特别的人，他们就像从事自由职业的麦当劳叔叔："欢迎来到唐恩都乐，您有零钱吗？"

唐恩都乐可能是最成功的甜甜圈连锁，但所有甜甜圈店不缺有趣的概念，就像匿名戒酒会[1]开了自己的餐厅："我们应该卖什么？咖啡，甜

1　匿名戒酒会（Alcoholics Anonymous），创立于 1935 年的纽约非赢利戒酒组织，现总部在俄亥俄州。

甜圈……诚实也不错，还要室外吸烟区。"唐恩都乐怎么还没倒闭？它们是在卖咖啡，但一天能卖掉三千个甜甜圈也没法盈利。每次走进唐恩都乐，我都觉得它们在进行大甩卖。这是我最近的记忆：

> 我："我要六个甜甜圈。"
>
> 甜甜圈小妹："好的，三美元。如果你要一打，只要五美分。"
>
> 我："三美元加五美分吗？"
>
> 甜甜圈小妹："只要五美分。"

有个谣言说，如果你要两打甜甜圈，唐恩都乐还会给你五美元。它们也许真的会付钱让你吃，至少这能让我们甜甜圈上瘾。

每次我给家里买些甜甜圈——好吧，是给自己买的——唐恩都乐的小妹都会免费给我些甜甜球[1]，它就像入门版的甜甜圈。唐恩都乐跟传统的毒贩一样，也坚守第一次免费的规则。我成年之后，唐恩都乐兼并了巴斯罗宾[2]，这是建立在肥胖症上的"婚姻"。有朝一日，唐恩都乐也许会开始供应甜品。

卡卡圈坊[3]

在过去的十几二十年，甜甜圈经历了重生。我小时候，成年人不可能在办公室或教堂吃甜甜圈，虽然现在还是这样，但它越来越受欢迎

1　甜甜球（Munchkins），唐恩都乐的一种小食，乒乓球大小。
2　巴斯罗宾（Baskin Robbins），著名冰激凌品牌。
3　卡卡圈坊（Krispy Kreme），总部在北卡罗莱纳，美国第二大甜甜圈店。

了。卡卡圈坊曾在一夜之间占领全国，又突然消失，它在那些年里真的很受欢迎。我们的朋友克里斯和艾米丽，在婚礼后给了来宾每人一盒卡卡圈坊作为谢礼，回家路上，我把整盒都吃了。卡卡圈坊口味真的很独特，入口即化，我都想说服吉妮它们是液体，"我渴了，得喝点甜甜圈"。如今，卡卡圈坊无处可寻，它关掉了许多店，也许是被一群地方检察官提起了集体诉讼吧。

波特兰

很多美国城市都有优秀的甜甜圈，但俄勒冈州的波特兰是其中翘楚。不知道是不是因为靠近咖啡成瘾的西雅图，或者是因为他们喜欢吃夜宵，每当我宣布要去波特兰演出，推特上就全是"去吃巫毒甜甜圈[1]"的留言。与其说那些留言是建议，不如说它是命令，"你一定得去！""如果不去，我就杀了你。"巫毒这个词的真实含义是统治世界的神秘力量，巫毒甜甜圈也是如此。它们有一款叫"上校，我的上校"的产品，上面有一层嘎吱上校[2]麦片，简直就是节食者的暴动。我一直在巫毒吃枫糖培根甜甜圈，然后在回酒店的出租车上打个盹：吃糖断片。我并不想一直无视自己的健康，在波特兰，我也吃过其他著名甜甜圈。我常去一家叫做可可（Coco）的店点薰衣草甜甜圈，它让你同时感受到脂肪和清新。

---

1 巫毒甜甜圈（Voodoo Doughnut），俄勒冈州波特兰的甜甜圈名店，有两个门店与一辆流动餐车。
2 嘎吱上校（Cap'n Crunch），一种盒装麦片。

蒂姆·霍顿[1]甜甜圈

我热爱加拿大，加拿大人热爱蒂姆·霍顿的甜甜圈。我不是加拿大专家，但我知道他们喜欢冰球、肉汁奶酪薯条，还有蒂姆·霍顿。蒂姆·霍顿是加拿大版的唐恩都乐，反之亦然，所以，我都希望自己拥有双重国籍。

美食甜甜圈

美食甜甜圈是用金子油炸的，我们就是喜欢为垃圾食品穿上盛装，精品纸杯蛋糕是始作俑者，美食甜甜圈步其后尘。汉堡肉酱三明治[2]的升级版也许近在咫尺，无聊的有钱人，你们的下一个目标是什么？如今，专业的美食甜甜圈遍布全美，但哪种油炸食品可以被冠名"美食"啊？它针对的就是我们这种既想浪费钱，又想长胖的人。最近我买了一个美食甜甜圈，不过我买的时候并没有意识到我买的是所谓的"美食甜甜圈"，我只知道我是在一个甜甜圈店。在甜甜圈店，你永远不会有健康和明智的购物体验。"我是在甜甜圈店找到那些益生菌的"，天方夜谭。总之，经历如下：

> **指着一个方的甜甜圈："我要那个方形的。"**
>
> **店员打着收银机："好的，三块九毛九。"**

1　蒂姆·霍顿（Tim Hortons），加拿大著名咖啡店，也售卖甜甜圈与小食。
2　汉堡肉酱三明治（Sloppy Joseph），一种用汉堡面包的有牛肉酱或猪肉酱的三明治，20世纪初风靡美国。

我礼貌地说："不，我只要一个。"

店员（实是求是）："那就是一个的价钱！"

接着是一阵可怕的沉静，我等着那家伙装傻说"开玩笑啦"，然而什么都没有发生。他只是自鸣得意地看着我，无声地嘲笑。他知道我会付钱的，因为我在甜甜圈店里，也不像来买瑜伽垫的。柏拉图知道看到甜甜圈和想吃掉它的区别：没有区别。

早餐餐厅：碳水之家

早餐餐厅是餐饮界的一大组成部分。我有许多朋友喜欢在周末去高档饭店吃早餐或早午饭，他们聚在一起八卦别人，闲聊前天晚上的冒险经历。我说的早餐餐厅不是这些，我说的是，花二十美元就能喂饱五个尖叫孩子的地方，不过孩子们经常破坏四十美元的财物。它们通常是连锁，除了早餐也卖别的，但早餐让它们成名。大家只去那儿吃早餐，你会在国际薄饼屋点煎薄饼而非素汉堡，去丹尼餐厅，吃的也是煎薄饼培根煎蛋而非牛油果沙拉。我要么在早上与尖叫的孩子们去那儿，要么在晚上单口喜剧散场后，与一群醉醺醺的成年儿童造访，氛围没什么不同。

国际薄饼屋[1]

最著名的早餐连锁可能就是国际薄饼屋（IHOP）了，它的名字有点

1　国际薄饼屋（International House of Pancakes），缩写IHOP，快餐连锁，总部在加州洛杉矶。

奇怪：我跳？我从来都不想动，"我不跳"才是实事求是的名字，我乘轮椅也不错。 IHOP 以煎薄饼著称，它们的店面就像是枫糖浆展览会。

在 IHOP，每一桌的台面上都有自制的各色枫糖浆（枫树、草莓、蓝莓、黄油碧根果、森莓），而每个瓶子都像被无数五岁小孩舔过。枫糖浆的瓶子提前放在桌上，店中没有一寸地方可以逃过它们的洗礼。为了准备第二天开门，它们的员工甚至在晚上用枫糖浆拖地。

华夫屋[1]

我最喜欢的早餐餐厅连锁是华夫屋。它和 IHOP 差不多，只是卖华夫而非薄煎饼。也许是故意为之，华夫屋的气氛更像便宜旅馆或者移动旅店，而非真正的餐厅。我永远也忘不了与华夫屋的初遇，那是 1989 年在佛罗里达的坦帕市， IHOP 都比它好上几倍。华夫屋的店员永远目中无人，他们也许生性如此。永远不会有人夸赞华夫屋干净麻利，如果你从没去过那儿，想象一下在加油站的厕所里卖华夫，就是这种感觉。

我喜欢华夫屋的全部，那个边抽烟边煎蛋的家伙让我想起自己的父亲。不仅如此，我还喜欢服务员的态度，"让我来扮演一下待者，再回到厨房去扮演厨师"。大多数时候，我在演出散场后与听众友人一起去华夫屋，那是华夫屋的客流高峰。大多数主顾都醉醺醺的，因此华夫屋在菜单上提供产品照片。一个人该有多醉才会忘记华夫的样子啊？"对，那个方块格子煎饼。"午夜过后的华夫屋满是二十来岁的混子、越战退伍军人、互相忽略的老夫妻，这让我有种家庭聚会的感觉：底层白人大会。华夫屋里白人扎堆，相比之下，国际薄饼屋还挺"国际"的。每个

1　华夫屋（Waffle House），快餐连锁，总部在佐治亚州的诺克罗斯。

人都穿着迷彩服，濒临断片，对着咖啡杯咕哝，后悔着过去二十年的人生，与《猎鹿人》（*The Deer Hunter*）如出一辙。一生中，我近距离见过五次真枪，其中三次就是在华夫屋，午夜之后的华夫充斥着危险的气息。华夫屋的大写字母店招，让人想起绑架后的勒索信，那些霓虹灯时暗时明，从来不会有什么好事发生。"昨晚在华夫屋，我们找到了疾病的新疗法。"简直天方夜谭。华夫屋菜单上的煎土豆丝，读起来也像连环杀手的办事清单：焖烧，掩盖，切碎，分散。除开这些不快，许多夜行人依旧去华夫屋吃夜宵，也包括我自己。华夫屋真正的口号是：凌晨两点了，还有机会再做个坏决定。

节日：每逢佳节胖三斤

　　每逢佳节胖三斤，不幸的是，由于我的饮食习惯，每个假期我都会大幅增肥。积极地看，这件事失去了戏剧性。节日是为了纪念历史上的重要事件或死去的某个文化名人，出于某种原因，我们通过吃撑表达敬意。澄清一下，我的语境是美国节日（holiday），英联邦人管度假（vacation）也叫节日，这种说法挺讨人厌的，因为美国人每逢节日，吃得就像是在度假一样——跨文化差异。节日或度假自然而然使人吃撑，也许我们是在犒赏自己。不要批评我，这可是本美食书。

　　某种程度上，节日就是我不健康生活的编年史。

第一季度

　　新年伊始，我总是满怀希望、信心与可能性。我打算减点肥，生活得健康一些，更有欧普拉的风范。经过反人类的十二月，我清醒地过完了马丁·路德·金纪念日[1]，并且思索谁会在总统日[2]参加白色购物节。我还算健康地过了几周，无忧无虑地熬到二月的第一个周日，重大打击发生：超级碗周末到来。虽然不是官方节日，但在食物消费量上，超级碗是感恩节最大的对手。超级碗无关于感恩，也没有家庭聚会，只有美式足球和食物。感恩节时我们先吃食物再看足球，而超级碗只是吃，边看球边吃，接着再吃。超级碗周末的食物都可以直接用手拿，相较之下，感恩节就要健康许多。超级碗就像大学兄弟会主办的葬礼，水牛城辣鸡翅、毛巾猪[3]、薯片、牛油果都居然是其中最健康的。一切事发有因，毕竟超级碗的名字是"超级 + 碗"。

在超级碗的挥霍后，我往往有些负疚，在与二月的恶劣天气博斗时没有足球可看，然后就要为情人节做准备了。情人节时我彻底投降了，令人疲劳的冬天依旧，加上我奇迹般的并非单身，浪漫的压力之下，我开始狂吃巧克力。情人节是个让所有期待落空的日子，浪漫的主意多半都很反常，庆祝情人节就像事先露馅的生日惊喜派对，而且你还不在状态。你可以终止一个派对，却不能终止情人节。情人节的每件事都与强迫挂钩，吃糖也是这样。情人节有给对方送塞满巧克力的心形大盒子的传统，我提不起劲去吃里面的巧克力，它们要么很好吃，要么特别难吃，我实在缺乏兴趣。我通常会拿到粉色牙膏味的那颗，再自然而然地吃九颗掩盖牙膏味。心形盒中的巧克力毫无逻辑，有一次，我确定自己咬到了裹着巧克力的橡果。情人节也供应那种粉色的心形小胃药[4]，比起这玩意，不甜的巧克力都算好东西。"我知道你很恶心，快吃了我吧，我

1　马丁·路德·金纪念日，每年1月的第三个星期一。
2　总统日（Presidents' Day），美国首任总统乔治·华盛顿生日的纪念日。
3　毛巾猪（Pigs in a blanket），是一种起酥面粉包迷你小肉肠的小食，烤制而成。
4　Tums，是一种非处方解酸剂，治疗胃烧灼感，咀嚼片，粉红粉绿粉黄粉橘色的小圆片剂。在俚语中"Tums"是"肚子"的意思。

的肚子上还写着'抱抱我'呢！"

三月，我们有圣帕特里克节[1]，别名畅饮奥斯卡。圣帕特里克节应该是个民族庆典，以纪念那个把爱尔兰转变为基督教国家，并将蛇赶出国境的英国圣人。通常，我们庆祝的方式就是奉旨痛饮，爱尔兰每个人都过圣帕特里克节，这句话可能不是褒义。圣帕特里克也许在天堂俯视着我们："他们在干吗？我痛恨啤酒。"圣帕特里克节的饮酒过度，造成了爱尔兰人酒精成瘾的刻板偏见，我是个有爱尔兰血统的美国人，对于圣帕特里克节，我脑中只有家庭传统：正餐吃盐腌牛肉和卷心菜。在那之后，我娘会鼓励兄弟姐妹去后院寻找魔法精灵（Leprechaun），如果我们抓到了小精灵，就会得到一缸金子。现在想来，她只是想把我们赶出门，然后独吞盐腌牛肉和卷心菜之外的好东西，她自己都知道那玩意儿不好吃。

作为一个爱尔兰裔美国人，刻入民族基因的对酒精的荣耀感有时令我不解。十来岁的时候，爱尔兰人对健力士的爱让我感觉到压力，它得慢慢学着喝，爱尔兰美国人将它视为自己的母乳，也许它们的化学成分确实相似。作为十来岁的少年，我试着喝健力士却喜迎失败；现在我有时会享用它，但没有疯狂到为它等待。在酒吧等一杯健力士上桌，其间你都能写出一整本的吉尼斯世界纪录大全。告诉调酒师，"我要那个得等一小时的啤酒"，他一定明白你的意思。

第二季度

春季时我们除旧迎新，为了庆祝愉悦和重生，我开始吃糖果。复活

1　圣帕特里克节（Saint Patrick's Day），是纪念爱尔兰主保圣人圣帕特里克的节日，在每年
3月17日举行。

节是基督徒最神圣的节日，即使我对那些仪式十分陌生。我并不理解复活节的节日传统，彩蛋把大家都弄糊涂了。

> 路人甲："复活节是耶稣从死中复活的日子，我们应该做点啥？"
>
> 路人乙："搞点鸡蛋吧。"
>
> 路人甲："那耶稣怎么办？"
>
> 路人乙："好吧，那我们把蛋藏起来。"
>
> 路人甲："我不明白你的逻辑。"
>
> 路人乙："别担心，还有兔子呢。"

让复活节变得古怪的不只是彩蛋，让你的孩子接触那些易碎的蛋也很荒谬。感谢上帝，那些蛋是煮熟的，小朋友最喜欢打破鸡蛋，他们甚至都没法给不破的蛋染色。每年复活节前的周四，吉妮和我都会和小孩子一起给煮熟的蛋染色，受难日[1]时，我们就会获得无数鸡蛋沙拉。由于我们住在纽约，为了让事情更有趣，吉妮和我就会把没碎的蛋藏在公寓中，让孩子们去找。没错，我们自愿承担了将极易腐烂的蛋藏在小小公寓中的风险。

画蛋找蛋是很有趣，但我就像那些五岁的孩子，眼里满是独一无二的复活节食物：巧克力兔子、巧克力蛋，当然还有佩普斯动物棉花糖[2]，我只是想怀旧一下。过期的佩普斯比新鲜的更好，所以在复活节前夜，要小心地打开包装将其稍稍硬化。我说的是要在前一年复活节前夜做准备。

---

1 受难日（Good Friday），复活节前的周五。
2 佩普斯（Peeps），一种粉红黄蓝绿橙色的动物造型棉花糖。

最近美国开始庆祝五月五日节[1]，它或许体现了些许对大量墨西哥美国人的尊重，但更多只是为了在五月举办派对。五月五日节就像是圣帕特里克节的延续，与狂饮不同，我们还过度进食。带着春季的兴奋与塔可、卷饼、肉饼和所有墨西哥美食，这些星球上最好的东西使五月五日节成为美国不可或缺的节日。一切或许是科罗娜啤酒和老帕索[2]墨餐搞出来的市场噱头，不知为何，这个墨西哥节日怎么与美国时间没有时差呢？

第三季度

夏天的气候很好，人们喜欢在户外吃东西。在这些温暖的月份，美国庆祝阵亡将士纪念日[3]来缅怀为国家献出生命的英雄们，同时庆祝室外烧烤季的第一天。值得一书的是我们对独立日烧烤野餐的爱，在这一天，我们拥有了一个想吃什么吃什么的自由国家。七月四日也是我们以过节为借口暴饮暴食的例证。"我一般吃一个汉堡加一块牛排，但七月四日，我要多吃点，为鸣礼炮做准备。国父也希望我这样做。"八月，我们继续烧烤，胡吃海喝，准备庆祝劳工节。

第四季度

我最喜欢的节日是万圣节，女人以变装为借口在万圣节穿得花里胡

---

1 五月五日节， Cinco de Mayo，主要为纪念墨西哥军队于 1862 年 5 月 5 日的普埃布拉战役中，击败法国侵略军取得战役的胜利。
2 老帕索（Old El Paso），通用磨坊公司旗下的方便墨西哥食物。
3 阵亡将士纪念日（Memorial Day）， 5 月最后一个星期一。

哨，她们真这么干。

> **"我是个女巫。"**
> **看着像个站街的。**
> **"我是玛菲特小姐[1]！"**
> **你说是就是。**

归根结底，万圣节是我最喜欢的节日，是因为它关于糖果。万圣节对小孩子总是极富吸引力的，穿得像个超人，敲打邻居的门，还有糖果吃。现在我还这样做，结果邻居报了警，也许是因为我乔装猫女："喵，小猫要讨些糖。"

南瓜——万圣节中唯一的食物——被完全用作装饰。人们在万圣节前买南瓜，但从来不吃，想要南瓜面包、麦芬或南瓜派时，我们直接去烘焙店。吃生南瓜实在是太恶心了，哪个愣头青会在舀出恶心糟粕时还会感到饥饿？汉尼拔吗？在我家，带着黏液的南瓜籽经常被当做烘焙原料，但成品要么烤焦、要么太咸，吞入两周后，它依然刮擦着你的肠子。人们买南瓜只是为了做南瓜灯，"让我们在健康食物上刻个吓人的脸，一边吃糖，一边等它腐烂"。

感恩节是美国专属的节日，虽然加拿大也有，但他们的好像在十月，真奇怪。感恩节是用来表达感谢的，感谢上帝让我们在这一天心存感恩，因为我们不想一年都满怀感激。为了感恩，我们过度食用火鸡，吃了不计其数的配菜，当然还有苹果派。感恩节的理念并不难解，但有多少人会在这一天真正感恩上帝。

---

1 《玛菲特小姐》（*Little Miss Muffet*），著名儿歌。

"在感恩节狂吃怎么样？"

"在美国，我们不是天天都这样？"

"好吧，那就与那些羞恼我们的人狂吃一天吧！"

感恩节的核心是暴饮暴食，连主菜都是夹心的。这名字是怎么来的？夹心简直就是吃到撑死的同义词。在美国的某些地方，夹心被美化为"点缀"，相比之下，夹心还实事求是一点。点缀是放在食物的顶上，而非塞在里面，如此粉饰仿佛是要隐藏这道菜的残忍，这实在是无底线。"这是你的点缀（狡诈地眨眨眼）。"夹心其实是将烧熟的东西塞入死亡动物的尸体，这让我感到不适，我希望火鸡永远不会发现秘密。

火鸡："你们要杀了我？"

人类："哦，比那糟糕得多。"

感恩节晚餐是假日季的先声，假日季是我们编出来的季节。圣诞老人也许监督着大家，但没人会在十二月循规蹈矩。圣诞节就是暴饮暴食的拉斯维加斯，一进十二月，你就有了放纵吃喝的通行证，降临节[1]的日历上都有糖果呢。无论信仰和宗教，所有美国人都会被邀请到各种节日派对中，节食统统被叫停了，每天你都受到种种小食（hors d'oeuvres）的猛攻，是没人叫得出名字的增肥食物的代称。饼干、蛋糕、糖果，我们尽情地分享着，不需要理由。整个十二月都可以毫无节制，像是天天在办单身派对。每个人都有一个没说出口的愿望：让十二月发的胖都留

---

1 降临节（Advent），降临期起自圣诞节前四周，由最接近 11 月 30 日之主日算起直到圣诞节。

在十二月。

　　如果圣诞节的暴饮暴食没有把你吃死或吃破产，你还有最后的机会：除夕晚餐。年夜饭是所有节日的毕业晚餐，是过量饮酒、自我放纵、享乐主义的疯狂之巅、饕餮盛宴。面对压力，我们将在欢呼声中回到日常负责任的生活，吃饱喝足后，一月将至。不能再这么活下去了，我们要变得健康。但至少狂欢过这一夜，最后一杯酒，最后一块蛋糕，最后一根烟。就像青蛙王子，来自爱人的午夜一吻会将我们变成新人：新年到了。

第一季度

　　一年开始时，我有着最好的愿望，那是充满希望和可能的一年……

家宴：实为折磨

在我成长的过程中，每个周日我家都会有场正餐。我把它叫做"周日家宴"（Sunday Dinner），原本我父母起的名字叫"折磨"（Torture）。至少一周一次，整个家庭聚在一起吃饭，父母和六个小朋友围坐在桌前，没人可以溜走。我本可以让朋友的母亲带我去教会，但我没法离开，那是家庭时间，容不得满腹抱怨。家宴有正式着装的要求，实际上我们穿得都不是正装，只是些花哨的衣服，被痒得浑身难受。家宴一定在饭厅举行，家母非得拿出她的结婚瓷器，非常精致，从不进洗碗机，还需要用小猫来擦干：一定要是白猫。

周日家宴会在下午六点左右开始，我们会感谢上帝的赐福。吃第一道菜时，我们都想把别人撕碎，母亲在厨房吼叫，让我们老实点。她从来没时间吃饭，只是在厨房优雅温柔地来来回回，带着些许无奈和沮丧。"吃了那些卷心菜沙拉！"的咆哮从隔壁传来，说每一句话前，父亲都带着老烟枪的咳嗽。"（咳）这个很好吃，玛西亚，"他咕哝着切开烤猪肉、火鸡，或一整条的羊排。他会低声自言自语，威吓全桌，"赞美你们的母亲，否则就去死。"我和兄弟姐妹们心领神会："太好吃了，谢谢你，妈妈。"然后则是沉默，只有桌上传递盆碗的声音。我依然记得当时的想法，多道式正餐对于孩子到底有什么意义？我们为什么不能吃麦当劳呢？八岁时我的味蕾已经被快餐打开，危害相伴终生。我妈会做厚而多汁的古法手作汉堡，但我依然喜欢薄而无味、用神奇面包做的麦当劳。

家宴结束时，我的父亲会点上一根烟（在有六个孩子的房间里）并说上几句话，就是个糟糕的小演讲："有人（孩子中的一个）弄坏了那个按钮（遥控器）。"或者"有人（不认识的人）快死了，我们应该感到畏惧。"或者更糟糕的："你长大了打算干什么？"十岁的我宣布，"迈克说我会成为伟大的直肠医生。"我都不知道那个词是什么意思，但每个人都在笑，而我爸正奇怪地盯着我看。有时候我的父亲会问起历史事件："吉姆，你怎么看待越战？"他完全无视越战已经结束许久，而我才刚刚十岁，没有注意越南的存在。比起我聪明绝顶的兄弟姐妹，我确信自己的回答枯燥乏味，"《陆军野战医院》看着挺有趣的（哄笑）。""那是韩国，你个白痴！"

周日晚间的家庭谈心多半会导致争执，并以某人的哭泣或受罚结束。惩罚很严厉很残酷，常常包括收拾家宴的狼藉，那是唯一比家宴还糟糕的事。清理一顿八人晚宴的战场，应该登上国际特赦组织[1]的酷刑列表。因为我们穿着得体，就更像某种文明的酷刑。难怪我至今仍然深爱着麦当劳，我可以简简单单地吃了它，然后把袋子一扔了事。

1　国际特赦组织（Amnesty International），总部在英国伦敦的非赢利组织，成立于1961年，著名人权组织。

最后的晚餐：无意冒犯的笑话

跟别人同食是一种亲密的表现，我想尽可能多和孩子们一起吃饭，饭当然是吃得越多越好，但与家人分享的意义更不同。我们坐在一起，边聊边吃，有时候孩子们也会表现不佳。这是摆脱社会压力、重回家庭的好机会，我们围坐着分享人生经历。坐在儿童椅中的小宝宝帕特里克都明白聚餐的重要性，他傻笑着，咿咿呀呀地表示同意。他沉浸其中，整个家庭都参与进来。我和吉妮教育这些小怪物们何为礼貌和文明，养育过孩子的人都知道这种教育才多难。一起吃饭就是件好事，那是家庭独特的共享时间，这一传统已经延续了数千年。

每个文化都将与家人共进正餐作为对重要人物的礼遇，在逾越节[1]时，犹太人与先祖们一起吃烤羔羊、苦菜和无酵饼，多么美好。多年以后，人们也许会在吃德国烤肠时缅怀我："在这一天，我们吃德国烤肠来纪念吉姆。"与家庭或朋友共进晚餐或纪念，可以提升进食体验，并拔高其意义。两千年前的逾越节，有过一次耶稣做东的最后的晚餐，桌上

---

1 逾越节是犹太教节日，纪念上帝在杀死埃及一切头胎生物，并杀死埃及人的长子时，越过以色列人的长子（没有杀死）而去。

肯定得有吃的。

> 耶稣："明天，我想和大家在一起。"
>
> 使徒："有吃的吗？"
>
> 耶稣："（不耐烦地）有的。"
>
> 使徒："是冷餐会还是正餐？"
>
> 耶稣："（沮丧地）那将是顿晚餐。"
>
> 使徒："晚餐？那不用很正式，我穿长袍好了，正式宴会我就要戴领带了。"

  如此有意义的时刻，名字却如此不正式。晚餐听起来就像《比弗利的土包子》中杰德·克莱皮特[1]主持的自带食物聚餐会，我都能想象杰德戴着大破帽子："大家好，耶稣正要吃他的最后一顿，让我们弄点吃的来。娘娘腔，你带果冻沙拉，耶稣会炸鱼，我们来模仿一下。"

  最后的晚餐绝不可能是不正式的，那可是事情变糟之前，耶稣与使徒们分享的最后一顿啊！即使不是要被钉上十字架，任何大型活动的组织者都知道这不会是简单的任务。无论活动有多私密，总是有不速之客会突然出现。有个使徒就这么出现了："耶稣，祝你的临刑饭吃得开心。我带了好朋友弗兰克和维兹来，没问题吧？他们从克利夫兰来，是你的超级粉丝，能一起来个自拍吗？"

  当然，最后的晚餐中没果冻沙拉，也没有人会从克利夫兰来。那事发生在中东，根据犹太饮食的规定，耶稣擘开[2]并与使徒们分享的饼可

---

1 杰德·克莱皮特（Jed Clampett）， 1960 年代电视连续剧《比弗利的土包子》（*The Beverly Hillbillies*）的主角，一个拥有了油田的暴发户。

2 "擘饼"是个基督教专用词语，专指耶稣掰开无酵饼。

能不太好吃，它没有经过发酵。如果最后的晚餐发生在墨西哥，事情一定会不同，耶稣多半会说："吃这个，不要只吃玉米片，玉米片要配牛油果酱。"牛油果酱太重要了。我知道最后的晚餐与墨西哥菜无关，也不会发生在任何一个现代餐厅，在这个值得纪念的事件中，有个老是打岔的服务小妹还挺可爱的。

> 耶稣："这样，所有人听我……"
>
> 服务小妹："谁要咖啡吗？"
>
> 耶稣："我们不要，谢……"
>
> 服务小妹："那甜品呢？我们有柠檬派，好吃得要死！"
>
> 耶稣："把账单拿来就行，请……"
>
> 服务小妹："我去拿块派，再拿一堆叉子来，反正羊毛出在羊身上。好好享受生活，人只能活一次，不是吗？"
>
> 耶稣："算是吧。"

　　我希望最后晚餐的笑话没有冒犯到各位，那不是我的本意。关于宗教的笑话有时会让一些人不适，特别是那些要去地狱的人们。我相信上帝超有幽默感，否则怎么解释鸭嘴兽和海牛呢？上帝在创造海牛时是不是没有努力？"让我看一下，把它做得胖一点，加夹指拖鞋作前肢……什么玩意？做根山羊胡吧，把这家伙扔到佛罗里达去，天作之合。"

再吃一顿：那是我对你们的祝福

我有五个年幼的孩子，个个充满活力，我深爱着他们，却也快被他们折腾死了。不管谁说孩子让人年轻，他一定是在讽刺，然而我们都难逃一死，即使没人愿意面对。每当新闻报道某位名人过世的消息，我们都会觉得"我很幸运，这种事不会发生在我身上"。然而有了孩子，你就必须开始讨论遗嘱和人寿保险的话题，死亡终有一天会来临。面对这些思考时，我就像时间之初的哲学家和宗教领袖，陷入同样的困境：最后一顿吃什么？

设想一下，死囚在临刑前可以要求吃一顿，这些家伙通常都做了非常可怕的事，在处决前给他们一点好处，似乎就能让死刑显得文明一点。这件事让我很是困惑，我们的社会突然变成了007中的大魔头："在我用奇异装置杀死你之前，要不要来点鱼子酱？"

大多数人不知道自己会在何时，以何种方式离开世界，我们可就没有临刑晚餐了，最后一顿成为复杂的谜题。我们该如何计划？我不想要常规思路下的难忘一餐，那比食物不好吃或吃得不爽更糟糕，谁都不想在到了地府还后悔生前的最后一顿。"我怎么会点了鱼！""我居然吃了白色城堡的苹果酱？"为了让活着的人意识到我们深深的爱，同时告诉他们我们过着充实的生活、无怨无悔，最后一餐必须要充实——其实就是饱——饱含美味的东西。

吉妮告诉我《圣经》中的天国就像是婚礼盛宴，但万一我没被邀请呢？我得增加一点碳水化合物的存量来提高耐力，以便到时与看门的圣彼得好好谈判。我会站在圈子之外说："我的老婆在里面，她一定把我放上来宾名单了。没有？你能给她打个电话吗？还是我直接和她说吧，我们能解决这事的，她的名字叫吉妮，在这里也许叫圣吉妮了。"

然而如何准备最后一顿？回答这个久远的问题，去问我那些聪明伶俐、风趣幽默的同行就行。我一生中的大多数重要建议都来自这些演单口喜剧的朋友，我们就是一群散漫的自恋狂，但一站上舞台便拥有一种与生俱来的勇敢和智慧，堪称智勇双全。喜剧演员从他独特的视角观察人生，我可以举许多例子，事实上，我的同行和前辈教会我无数的东西。有一次一位朋友告诉我，他会像对待最后一场演出那样，对待每一场演出，如同橄榄球教练对队员说的，要么百分百付出，要么一无所有。的确，任何一场喜剧演出都可能是最后一场，所以要认真对待，没有演员希望他的最后一场无人问津，或是被电话打断。同时，我也把这个建议融入饮食之中，我永远也不希望最后一顿会是甘蓝沙拉或能量棒，也许这种视每一顿为最后一顿的积极生活态度，才是激励我写作此书的原因。

亲爱的读者朋友们，我有个建议：我们需要多食多餐。生活在世界上的时间如此短暂，其间还充斥着失望和突变，只有食物才能让它好一点。并不是说每一顿都得是 Shake Shack 或麦克道格街上马蒙中东餐厅[1]

---

1 马蒙中东餐厅（Mamoun's），在 1971 年开了纽约第一家卖法拉费的店，如今已成网红打卡胜地。

的法拉费，重点是你要享受生活。吃个不错的奶酪汉堡就是个好决定，汉堡和薯条是挺好的最后一餐，要加双层肉饼。由于我们并不知道离开的时间，一天吃上几个奶酪汉堡还是挺有道理的。

我深信食物要应景，所以，基于不同的死法，我给出一些建议，以防你是个喜欢计划的人，或者是个先知：

- 如果你死于私人飞机坠机，我建议神户牛排正餐。
- 如果是被瘾君子扎死的，最后一顿应该是甜甜圈。
- 如果你在棒球场里被一个出界球砸死，你大概正在吃热狗。
- 如果死于枪击，那你是在消化华夫屋的食品。
- 如果是在牢里被刺死的，你应该提前吃了顿博罗尼亚肉肠三明治。
- 如果你在看橄榄球时死于心脏病发作，你应该是正在找卖零食的小贩。
- 如果死于痢疾，那你一定是吃了热袋。
- 如果你打死了自己，那一定是在吃完甘蓝沙拉后，你压根不配好吃的一餐。
- 如果你死在国外，在墨西哥或泰国的话，那应该是场盛宴之后。
- 还有，如果是被噎死的，那应该是培根。

朋友们，感谢你阅读此书，我希望那些不好的饮食经历已成过往云烟，并祝你今后只吃好东西，并能与好友家人分享。我祝你喝到加浓的咖啡，吃到有颗粒感的牛油果。这是我对你们的祝福，不过最重要的，我希望你别去跳舞，人们跳舞的样子太蠢了，我没说错吧？